水/处/理/剂
配方与制备

李东光　主编

化学工业出版社

·北京·

内容提要

　　水处理剂是工业用水、生活用水、废水处理过程中所必须使用的化学药剂。本书中收集了 248 种水处理剂配方，详细介绍了原料配比、制备方法、原料介绍、产品应用、产品特性等，简明扼要、实用性强。

　　本书适合从事水处理剂生产、研发、应用的人员参考，也可供精细化工等相关专业师生使用。

图书在版编目（CIP）数据

　　水处理剂配方与制备/李东光主编. —北京：化学工业出版社，2020.3
　　ISBN 978-7-122-36109-7

　　Ⅰ.①水…　Ⅱ.①李…　Ⅲ.①水处理料剂-配方②水处理料剂-制备　Ⅳ.①TU991.2

　　中国版本图书馆 CIP 数据核字（2020）第 015293 号

责任编辑：张　艳　刘　军　　　　　　文字编辑：陈　雨
责任校对：王佳伟　　　　　　　　　　装帧设计：王晓宇

出版发行：化学工业出版社（北京市东城区青年湖南街 13 号　邮政编码 100011）
印　　装：大厂聚鑫印刷有限责任公司
710mm×1000mm　1/16　印张 11　字数 245 千字　　2020 年 10 月北京第 1 版第 1 次印刷

购书咨询：010-64518888　　　　　　　售后服务：010-64518899
网　　址：http://www.cip.com.cn
凡购买本书，如有缺损质量问题，本社销售中心负责调换。

定　　价：58.00 元

前言

我国是水资源短缺和污染比较严重的国家之一，目前有 300 多个大中城市缺水，其中 1/3 城市严重缺水，已造成严重的经济损失和社会环境问题，缺水城市分布将由目前集中在三北（华北、东北、西北）地区及东部沿海城市逐渐向全国蔓延。有学者认为，人均占有水资源量 1000m³ 是实现现代化的最低标准，从现状和未来发展来看，我国北方黄河、淮河、海河三流域要达到人均占有水资源量 1000m³ 是极其困难的，即使要达到 500m³ 也需要进行很大投入。

节约用水、治理污水和开发新水源具有同等重要的意义。大力发展水处理化学品对节约用水、治理污水起着重要作用。水处理剂是工业用水、生活用水、废水处理过程中所需使用的化学药剂。经过这些化学药剂的处理，可以使水达到一定的质量要求。

水处理剂的主要作用是控制水垢、污泥的形成，减少泡沫，减少与水接触的材料的腐蚀，除去水中悬浮固体和有毒物质，除臭、脱色、软化和稳定水质等。水处理剂的应用十分广泛，在化工、石油、轻工、日化、纺织、印染、建筑、冶金、机械、医药卫生、交通、城乡环保等行业都有应用，以达到节约用水和防止水源污染的目的。

水处理技术作为一门跨学科跨行业的综合性技术，将在环境污染治理和缓解水资源矛盾中发挥它独有的和重要的作用，因而将在未来得到相应的发展。但是与此同时，水处理技术本身的发展也将受到环境和资源，包括能源危机的制约和挑战。

为了满足读者对水处理技术的需求，我们收集整理了近年来有关水处理方面的资料，编写了这本《水处理剂配方与制备》，书中收集了 248 种水处理剂配方，详细介绍了原料配比、制备方法、原料介绍、产品应用、产品特性等，旨在为水处理工业的发展尽微薄之力。

本书的配方以质量份表示，在配方中有注明以体积份表示的情况下，需注意质量份与体积份的对应关系，例如质量份以 g 为单位时，对应的体积份是 mL，质量份以 kg 为单位时，对应的体积份是 L，以此类推。

本书由李东光主编，参加编写的还有翟怀凤、李桂芝、吴宪民、吴慧芳、蒋永波、邢胜利、李嘉等。由于编者水平有限，不妥之处在所难免，恳请读者批评指正。

2020 年 4 月

◊ 目录

1 循环水处理剂 / 001

2　废水处理剂　/ 047

3　锅炉水处理剂　/ 152

1 循环水处理剂

配方 1　闭式循环水系统复合水处理剂

原料配比

原料	配比（质量份）						
	1#	2#	3#	4#	5#	6#	7#
聚天冬氨酸	28	15	—	—	28	—	21.5
聚环氧琥珀酸	—	—	21.5	15	—	—	—
丙烯酸-甲基丙烯酸羟乙酯-丙烯酸甲酯共聚物	—	13	—	—	—	21.5	—
丙烯酸-丙烯酸酯-2-甲基-2′-丙烯酰氨基丙烷磺酸共聚物	—	—	—	12	—	—	—
葡萄糖酸钠	11	—	15	19	—	—	—
葡萄糖酸钙	—	15	—	—	11	11	19
钼酸钠	7	4	—	—	—	10	—
钼酸铵	—	—	7	4	10	—	4
硫酸锌	5.5	3	—	—	—	8	—
氯化锌	—	2	5.5	3	3	—	8
硝酸镨	—	2	—	—	—	—	—
硝酸镧	3.5	—	—	2	—	—	1.5
硝酸铈	—	—	3.5	—	2	5	1
苯并三氮唑	1.5	1	—	—	—	—	2
甲基苯并三氮唑	—	—	2	—	1.5	1	—
巯基苯并噻唑	—	—	—	1	—	1	—
去离子水	43.5	45	45.5	44	44.5	42.5	43
原料	配比（质量份）						
	8#	9#	10#	11#	12#	13#	
聚天冬氨酸							
聚环氧琥珀酸					12		
丙烯酸-甲基丙烯酸羟乙酯-丙烯酸甲酯共聚物	—	—	28	15	—	—	
丙烯酸-丙烯酸酯-2-甲基-2′-丙烯酰氨基丙烷磺酸共聚物	28	21.5	—	—	15	14	
葡萄糖酸钠	11	13	—	9	—	7	
葡萄糖酸钙	—	—	14	10	17	8	
钼酸钠	6	8	5	3	7	4	
钼酸铵	—	—	—	5	—	2	
硫酸锌	3	4	—	3	—	4	
氯化锌	—	—	4	4	8	—	
硝酸镨	5	—	—	3.5	3	2.5	
硝酸镧	—	5	—	—	2	—	
硝酸铈	—	—	3	—	—	1	
苯并三氮唑	—	—	—	1	1	—	
甲基苯并三氮唑	—	—	1.5	—	—	1	
巯基苯并噻唑	2	1.5	1.5	—	1	—	
去离子水	45	47	44.5	45	46	44.5	

制备方法 将各成分均匀混合即可。

原料介绍 所述的羧酸类聚合物为本领域常规使用的羧酸类聚合物阻垢分散剂，较佳的聚环氧琥珀酸，聚天冬氨酸，丙烯酸、甲基丙烯酸羟乙酯与丙烯酸甲酯的共聚物，以及丙烯酸、丙烯酸酯与 2-甲基-2′-丙烯酰氨基丙烷磺酸的共聚物中的一种或多种。

其中，所述的聚环氧琥珀酸为本领域常规所述的聚环氧琥珀酸。所述的聚环氧琥珀酸分子量没有特殊限定，较佳的黏均分子量为 400～800。

其中，所述的聚天冬氨酸为本领域常规所述的聚天冬氨酸。所述的聚天冬氨酸分子量没有特殊限定，较佳的黏均分子量为 1000～5000。

其中，所述的丙烯酸-甲基丙烯酸羟乙酯-丙烯酸甲酯共聚物为本领域常规所用。所述的丙烯酸、甲基丙烯酸羟乙酯与丙烯酸甲酯的共聚物分子量没有特殊限定，较佳的黏均分子量为 800～10000。

其中，所述的丙烯酸-丙烯酸酯-2-甲基-2′-丙烯酰氨基丙烷磺酸共聚物为本领域常规所用。所述的丙烯酸、丙烯酸酯与 2-甲基-2′-丙烯酰氨基丙烷磺酸的共聚物分子量没有特殊限定，较佳的黏均分子量为 1000～10000。

所述的葡萄糖酸盐为本领域常规所用葡萄糖酸盐，较佳的为葡萄糖酸钠和葡萄糖酸钙。

所述的钼酸盐为本领域常规所述的钼酸盐，较佳的为钼酸铵和/或钼酸钠。

本品中，所述的锌盐为本领域常规所述锌盐，较佳的为硫酸锌和/或氯化锌。

所述的稀土元素硝酸盐为本领域常规所述，较佳的为硝酸镧、硝酸铈和硝酸镨中的一种或多种。

所述的唑类缓蚀剂为本领域常规所述唑类缓蚀剂，较佳的为苯并三氮唑、甲基苯并三氮唑和巯基苯并噻唑中的一种或多种。

本品的配方中还可以含有本领域常规添加的各种其他添加剂，只要其没有拮抗作用或不显著影响本品水处理剂效果即可。

产品应用 本品既能用于工业闭式循环水系统，也可用于中央空调闭式循环水系统，软化水和自来水补充水的系统均适用，且同时适用于碳钢和铜材体系。

使用方法：本品的闭式循环水系统复合水处理剂在循环水中使用时较佳浓度为 60～80mg/L。

产品特性 本品不含磷、铬、亚硝酸盐，无毒、易生物降解，不会对环境造成污染，环保性能佳，对于密闭式循环水系统缓蚀和阻垢的性能优异，保护作用佳。

配方 2　敞开式冷却水系统日常保养用的水处理药剂

原料配比

原料	配比(质量份)	原料	配比(质量份)
2-膦酸基-1,2,4-三羧酸丁烷	50	木质素磺酸钠	0.8
水解聚马来酸酐	9	表面活性剂	4
硫酸锌	2	水	加至 100

制备方法 将各组分混合均匀即可。

原料介绍 所述表面活性剂选自壬基酚聚氧乙烯醚或烷醇酰胺。

产品应用　本品主要应用于敞开式冷却水系统。

使用方法：本品药剂的使用量一般控制在 0.003%～0.005%。

产品特性　本品含磷量低，能被生物所降解，对环境生态没有不良影响。

本品作为敞开式循环冷却水系统的日常保养药剂，适用于 pH 值较高的系统，阻垢缓蚀性能好，可控制较高的浓缩倍数，一般浓缩倍数可控制在 5～6 倍。同时本品耐高温，不易水解，即使在氧化剂存在的情况下也不易被氧化分解。

本品利用多种药剂之间的协同增效作用，合理配比，能在较高浓缩倍数的条件下有效阻垢、缓蚀，节约了水资源以及解决了排污引起的环境问题，满足了水处理系统的设计要求，保证了系统的正常连续运行。

配方 3　定向缓释溶解水处理剂

原料配比

原料	配比（质量份）		
	1#	2#	3#
固体六偏磷酸钠	82	75	76
固体乙二胺四亚甲基膦酸	5	9.8	15
固体质量比为 1:(1～2) 的饱和六偏磷酸钠与硫酸锌的混合液	3	—	—
4%～8%聚乙烯醇溶液	—	0.2	—
含 AMPS 磺酸盐共聚物液体	—	—	4
氧化锌	10	15	5

制备方法

(1) 将剂量 1/2 的胶黏剂喷洒在固体六偏磷酸钠上并搅拌均匀，再与剂量 1/2 的氧化锌均匀混合。

(2) 将剂量 1/2 的胶黏剂喷洒在固体乙二胺四亚甲基膦酸上并搅拌均匀，再与剂量 1/2 的氧化锌均匀混合。

(3) 将步骤 (1) 和步骤 (2) 的物质均匀混合，放入已制好的置于模具中的圆柱形塑料或金属容器中压制成型。

原料介绍　所述的胶黏剂可以是饱和六偏磷酸钠与硫酸锌的混合液 [固体质量比为 1:(1～2)]、含量为 4%～8%的聚乙烯醇溶液、含 AMPS 磺酸盐共聚物液体、聚丙烯酸液体的一种或两种以上。

六偏磷酸钠与乙二胺四亚甲基膦酸属酸性物质，在设备溶液中与氧化锌反应产生螯合锌离子。

已进入待处理水体的有效成分，锌离子是很好的保护剂，与六偏磷酸钠和乙二胺四亚甲基膦酸复配起增效作用，能在金属表面快速成膜，提高缓蚀效果，并对水中的结垢成分起到螯合、干扰、晶格畸变作用，阻止水中钙、镁离子沉淀析出，防止发生结垢现象。

随着总处理水量增加，本品药剂高度不断下降，由于在压制过程中力量传递受到药品的阻碍，药剂密度由上至下逐渐减小，其药剂在水中的溶解量会随着高度的下降而升高，不会因药液容积增大使溶液浓度发生变化，维持了药剂的均衡释放，当本品药剂溶解完全后只需更换药剂即可。

产品应用 本品主要应用于水处理。

产品特性

(1) 成本低,制作方便:本品制作过程无须高温熔化,只需机械搅拌压制即可,具有生产控制简单,能耗低的特点。

(2) 处理水量大:本品可根据设备处理水量的多少调整比例,制备出不同溶速的药剂,可使设备小型化。例如,处理水量为 0.3t/d 的缓释加药器,其设备尺寸不变,只需更换本品药剂,处理水量可增加到 3t/d,这样可大大减少用户一次性投资。

(3) 运行管理方便,药剂更换模块化:本品药剂与圆柱形塑料或金属容器混为一体,置于缓释加药器中运行时无须补充药剂,当缓释加药器处理水总量达到设计要求时,及时更换本品药剂即可。

(4) 防腐阻垢能力强:本品药剂在水中按比例释放出聚磷酸盐与有机膦酸和螯合锌离子,由于协同增效作用,其阻垢率和缓蚀率均较高,其使用量以及运行成本大幅度下降。

配方 4 多功能合成水处理剂

原料配比

原料	配比(质量份)					
	1#	2#	3#	4#	5#	6#
钼酸盐	5	20	15	50	100	80
异噻唑啉酮	—	50	25	5	50	
苯并三氮唑	1	3	—	1	5	
DSE-6009 保泰妥	5	20	10	30	100	50
十二烷基二甲基苄基氯化铵	20	5	—	—	—	
丁子香酚	—	1	1		1	1

制备方法 将各组分混合均匀即可。

原料介绍 所述钼酸盐为钼酸钠或钼酸铵。

原料中,钼酸盐和苯并三氮唑起到缓蚀和水净化的作用,丁子香酚为调味剂,异噻唑啉酮和 DSE-6009 保泰妥为杀菌剂。

产品应用 本品主要应用于中央空调水处理,使用时浓度为 80~250mg/L。

产品特性

(1) 本品中的钼酸盐和苯并三氮唑具有优良的缓蚀与分散效果;异噻唑啉酮和 DSE-6009 保泰妥则具有良好的杀菌功能,避免了氧化型杀菌剂对各种水系统管路的腐蚀。

(2) 本品制备方便,只需要按比例配制即可。

配方 5 多功能水处理剂

原料配比

原料		配比(质量份)							
		1#	2#	3#	4#	5#	6#	7#	8#
A 组分	BPMA	100	100	100	100	100	100	100	100

续表

原料		配比(质量份)							
		1#	2#	3#	4#	5#	6#	7#	8#
B组分	HPA	26.67	—	13.33	—	14.28	—	—	36.36
	HEDP	—	18.75	—	—	—	—	60	—
	SSMAC	—	—	13.33	—	—	—	—	—
	SSCAC	—	—	—	—	—	18.18	—	—
	SCCAC	—	—	—	—	—	—	—	18.18
	PBTCA	—	—	—	18.75	—	—	—	—
	AA-MA-HEA	—	—	—	—	21.43	—	30	18.18
	AA-MA	—	—	—	—	—	18.18	—	—
	PPCA	—	—	—	—	—	36.36	—	—
C组分	ZnCl₂	6.67	6.25	6.67	6.25	7.14	9.09	10	9.09
水		加至1000	加至1000	加至1000	加至1000	加至1000	加至1000	加至1000	加至1000

制备方法 将各组分溶于水混合均匀即可。

原料介绍 A组分是指 N,N-双（膦酰基甲基）天冬氨酸（BPMA）。

B组分可以是1-羟基-1,1-二膦酰基乙烷（HEDP）、1-羟基-1-膦酰基乙酸（HPA）、2-膦酸基-1,2,4-三羧酸丁烷（PBTCA）、聚膦酰基羧酸（PPCA）、丙烯酸-丙烯酸甲酯二元共聚物（AA-MA）、丙烯酸-丙烯酸甲酯-丙烯酸羟乙酯三元共聚物（AA-MA-HEA）、磺化苯乙烯-马来酸酐二元共聚物（SSMAC）等中的一种或多种物质。

聚膦酰基羧酸、丙烯酸-丙烯酸甲酯二元共聚物、丙烯酸-丙烯酸甲酯-丙烯酸羟乙酯三元共聚物、磺化苯乙烯-马来酸酐二元共聚物优选的分子量为1000～8000，更优选为2000～5000。

C组分是指锌盐，可以是 $ZnCl_2$ 或 $ZnSO_4 \cdot 7H_2O$，优选 $ZnCl_2$。

产品应用 本品是能够在循环冷却水系统设备中同时进行清洗、预膜、阻垢、缓蚀的多功能水处理剂。

产品特性 本品原料易得，配比科学，工艺简单，过程容易控制；产品使用方便，只需一次加药，所以只需一种加药设备，能够精确计算加药量，既可避免浪费，又能达到理想的处理效果。

配方 6　复合水处理剂

原料配比

原料	配比(质量份)	原料	配比(质量份)
多元醇磷酸酯	27.4	水	18.3
无机磷酸盐	8.6	十四烷基二甲基苄基氯化铵或氯锭	适量
丙烯酸-丙烯酸酯-顺丁烯二酸酐共聚物	36	锌盐	适量
木质素磺酸钠	9.7		

制备方法 在常温常压下将多元醇磷酸酯、无机磷酸盐、丙烯酸-丙烯酸酯-顺丁烯二酸酐共聚物、木质素磺酸钠分别由入口输送到反应釜中，开动搅拌器，边投料边搅拌，投料完毕后，补足所需水量，继续搅拌20～30min，搅拌停止后开启复合液出口，将制好的复合液装入成品罐中加以密封。当实际使用时，把适量工业纯的杀菌灭藻剂十四烷基二甲基苄基氯化铵或氯锭和适量锌盐加入到已制得的复合液

中稍加搅拌，即可得本品。

原料介绍

原料中的多元醇磷酸酯是一种混合型有机缓蚀阻垢剂，有使生物黏泥、氧化铁垢、锌盐、铜盐等分散和稳定在水中的能力。

丙烯酸-丙烯酸酯-顺丁烯二酸酐共聚物也可用丙烯酸-丙烯酸羟丙酯共聚物取代，是良好的阻垢分散剂，对阻止磷酸钙垢、氧化铁垢、锌盐沉积有特效。

木质素磺酸钠是水溶性的多功能高分子电解质，具有分散生物黏泥、氧化铁垢、磷酸钙垢的能力，又能与锌离子、钙离子生成稳定的配合物。

十四烷基二甲基苄基氯化铵是一种高效低毒广谱的杀菌灭藻剂，同时对生物黏泥有分散阻垢作用。氯锭是一种固体杀菌灭藻剂。锌盐在偏酸性水质下会显著提高聚磷酸盐的缓蚀效果，可以适度地减少聚磷酸盐的用量。

水可以是自来水或软水。

产品应用 本品可用于工业循环冷却水系统，防止循环冷却水碳钢换热器管壁产生锈瘤和点蚀，广泛适用于任何材质的换热设备的循环冷却水处理，也适用于中央空调冷却、冷冻水的运行处理。

产品特性 本品解决了磷酸盐垢沉积、生物黏泥沉积、氧化铁垢沉积和锌盐沉积问题，避免了锈瘤和点蚀的产生，有效保护碳钢换热器，延长设备的使用寿命。

本品提高了冷换设备的传热效率，降低了动力设备的负荷，节电节水性能明显提高而且适用范围广。

配方 7 复合型水处理剂

原料配比

原料	配比（质量份）		
	正常处理水处理剂	预膜处理水处理剂	
	1#	2#	3#
聚天冬氨酸	4	100	100
钨酸盐	10	200	200
柠檬酸钠	36	350	350
苯并三氮唑	1	5	5
锌盐	2	3	3
水	加至 1000	加至 1000	加至 1000

制备方法 将以上各种物料按比例置于水中，搅拌混合均匀即可得成品。

原料介绍 锌盐为硫酸锌或氯化锌，钨酸盐为钨酸钠或钨酸铵。

产品应用 本品可用于工矿企业的冷却设备和各宾馆和大楼空调的冷却水处理。使用时先将预膜处理剂投入水中，预膜处理48h左右，然后稀释转移至正常处理浓度，并加以维持。

产品特性 本品原料广泛易得，生产成本较低；具有优良的缓蚀与阻垢效果，浓缩倍数为 2.5 倍时，碳钢的缓蚀率可达 98.27%，水中碳酸钙的阻垢率可达 95.67%；原料中不含磷，不易产生富营养化，可防止"赤潮"公害，有利于环境保护。

配方 8 复合广谱水处理剂

原料配比

原料	配比（质量份）	原料	配比（质量份）
碳酸锌	1	氨基三亚甲基膦酸钾钠	15
羟基亚乙基二膦酸	适量	聚硅酸钾钠	40
羟基亚乙基二膦酸钾钠	15	水溶性腐植酸钠	25

制备方法 将以上原料按比例分别放入反应釜内进行合成、混对，然后经过滤器滤除杂质，所得滤液即为成品。

产品应用 本品可用于工业用水设备、采暖锅炉、油田、输油管网以及化工、石油、制药、炼钢、热处理油浴、汽车水箱、空压机、自备电站柴油发电机组等的循环冷却水系统的防垢、防锈蚀、防藻和除垢，也可以用于小型低压蒸汽锅炉的防垢。

产品特性 本品工艺流程简单，性能优良，应用范围广；无毒、无公害，安全性高，对环境污染小。

配方 9 复合稀土水处理剂

原料配比

原料		配比（质量份）					
		1#	2#	3#	4#	5#	6#
膦羧酸共聚化合物		5	3	3	7	1	10
钼酸盐	钼酸钠	5	5	3	5	3	—
	钼酸铵	—	—	—	—	—	1
稀土元素的盐	硝酸铈	1	—	—	—	10	—
	硝酸镧	—	0.5	—	1	—	—
	硝酸镨	—	—	1.5	—	—	0.1
锌盐	$ZnSO_4 \cdot H_2O$	1	1	—	—	—	—
	$ZnSO_4 \cdot 7H_2O$	—	—	1	—	—	—
	氯化锌	—	—	—	1	—	—
铜缓蚀剂	苯并三氮唑（BTA）	3	3	3	—	—	—
	甲基苯并三氮唑（TTA）	—	—	—	3	—	—
	巯基苯并噻唑（MBT）	—	—	—	—	1	—

制备方法 将各组分混合均匀即可。

原料介绍 膦羧酸共聚化合物是由丙烯酸系列单体与次膦酸或其盐合成的共聚化合物，它兼具聚羧类化合物的良好阻垢性能和含磷有机缓蚀剂的缓蚀性能，能很好地分散水系统中氢氧化铁、氢氧化锌等物质，特别对高氯及高 pH 值水质更为有效。

钼酸盐可为任何含有钼酸根离子的化合物，优选钼酸铵或钼酸钠。

稀土元素优选镧系元素，如铈、镧及镨等；其盐可为任何含有上述稀土元素离子的化合物，优选其硝酸盐。

锌盐是指任何含锌离子的化合物，可以选择氯化锌、硫酸锌及其水合物，如一水或七水合硫酸锌等。锌盐是一种阴极型缓蚀剂，能在水介质的金属表面快速地成膜，与金属表面的阴极区产生的 OH^- 快速形成氢氧化锌沉淀物，抑制阴极反应，而且与膦羧酸共聚化合物复配能使锌盐稳定，增大使用时的 pH 临界值。

铜缓蚀剂是指能在铜表面形成保护膜，从而有效防止铜材料腐蚀的物质，可以是氮唑类物质，如苯并三氮唑（BTA）、巯基苯并噻唑（MBT）或其钠盐以及甲基苯并三氮唑（TTA）或其混合物等，优选苯并三氮唑。当工业循环冷却水系统中不含铜质零部件时，铜缓蚀剂的用量可为零。

产品应用　本品适用于工业循环冷却水系统。

产品特性

(1) 含磷量低（一般可控制含磷量＜1mg/L），无毒，对环境无污染，是环境友好型水处理剂。

(2) 防腐阻垢性能极佳，特别适用于高硬、高碱、高 pH 值、高悬浮物的"四高"苛刻水质条件，具有卓越的高温阻垢性能及稳锌的能力，在水中对氯气或氯制剂以及 Fe^{3+} 的耐受力优于一般膦酸盐。

(3) 提高锌盐的稳定性，与锌盐复配增效明显。

(4) 所使用的稀土元素属低毒物质，对人畜无害，对环境无污染，并且对于开发稀土元素在水处理中的应用具有积极的意义。

配方 10　复合水处理药剂

原料配比

原料	配比（质量份）	原料	配比（质量份）
丙烯酸-2-丙烯酰胺-2-甲基丙磺酸多元共聚物	10～40	羟基亚乙基二膦酸	15～30
		锌盐	5～10
膦羧酸	20～30	水	30～80

制备方法　将各组分混合均匀即可。

原料介绍　此配方为低磷环保型配方，配方中的羟基亚乙基二膦酸、膦羧酸具有高效阻垢性能，通过药剂的"溶限"效应稳定钙硬度，提高水中钙离子和碳酸根的过饱和度，并通过药剂的晶格畸变作用改变碳酸钙的正常结晶生长，使碳酸钙形成不规则的小颗粒，通过丙烯酸-2-丙烯酰胺-2-甲基丙磺酸多元共聚物的分散作用均匀地悬浮在水中，使药剂达到良好的阻垢效果。由于膦羧酸和羟基亚乙基二膦酸有大量未离解的 OH^-，与金属表面的水合氧化物相结合，形成一层非晶态的薄膜，该薄膜为玻璃状，无微孔且非常致密，从而阻止金属在水中的化学反应，起到抑制腐蚀的效果。配方中的膦羧酸、丙烯酸-2-丙烯酰胺-2-甲基丙磺酸多元共聚物具有很好的阻垢效果，可有效防止系统中磷酸钙垢的形成。配方中锌盐是阴极型缓蚀剂，它与磷酸盐有很好的协同效应，复合使用的目的是利用锌离子提供的快速成膜特性及磷酸盐成膜的耐久特性，使药剂具有良好的缓蚀性能。

高硬度、高碱度水为严重结垢倾向型水质，它比硬度高、碱度低或者碱度高、硬度低的水质都难处理。本复合水处理药剂配方中各成分药剂协同增效，在现场应用中循环水浓缩倍数达到 3.0 倍时（钙加总碱值基本保持在 1200mg/L 左右），复合药剂仍能达到良好的缓蚀阻垢效果。

产品应用　本品主要应用于工业冷却水处理。

产品特性　该复合水处理药剂对高强度、高硬度水具有良好缓蚀阻垢效果，其腐蚀率及垢沉积速度均小于循环水质监测控制指标；可延长设备使用寿命及检修周期，保证设备长期安全运行，节省钢材，节约用水，减少环境污染等。

配方 11 改性木质素磺酸盐多功能水处理剂

原料配比

原料	配比（质量份）			
	1#	2#	3#	4#
浓度为 40%的含木质素磺酸盐的酸法制浆造纸废液	2500	2500	2500	2500
NaOH	10	—	—	—
NH_4OH	—	20	—	—
KOH	—	—	15	—
$Ca(OH)_2$	—	—	—	10
30%的 H_2O_2	30（体积份）	30（体积份）	—	—
$KMnO_4$	—	—	8	10
$FeCl_3$	2	3	—	—
$NaNO_3$	—	—	3	2
$Fe_2(SO_4)_3$	6	—	4	—
$Cu(NO_3)_2$	—	2	—	5
亚硫酸氢钠	50	—	—	—
亚硫酸钠	—	100	—	—
偏重亚硫酸钠	—	—	25	30
20%的稀硫酸	10（体积份）	—	—	—
柠檬酸	—	10	12	—
乙酸	—	—	—	10
正丁胺	10	—	—	—
乳化硅油	—	10（体积份）	—	—
月桂酸	—	—	—	30
正丁酸	—	—	20（体积份）	—

制备方法

（1）催化氧化改性：在含木质素磺酸盐的酸法制浆造纸废液中，加入碱性调节剂，至 pH 值为 8～10，加热至 40～85℃，加入强氧化类氧化剂进行催化及氧化反应 1～8h。

（2）磺化与复配改性：在步骤（1）的产物中加入含有一种或多种金属离子盐组成的氧化还原引发剂，加入磺化剂，反应 1～5h，加入分子量调节剂和改性剂，反应 1～3h，冷却后得到改性木质素磺酸盐多功能水处理剂。

原料介绍 所述碱性调节剂是金属氢氧化物、NH_4OH 其中一种或两种及以上混合物。

所述强氧化类氧化剂是 H_2O_2、$KMnO_4$、O_3、O_2 其中一种。

所述金属离子盐组成的氧化还原引发剂是 $FeSO_4$、$FeCl_3$、$Fe_2(SO_4)_3$、$Cu(NO_3)_2$、$NaNO_3$、KNO_3 中的一种或两种及以上混合物。

所述磺化剂是亚硫酸氢钠、亚硫酸钠、偏重亚硫酸钠其中一种或两种及以上混合物。

所述分子量调节剂是 H_2SO_4、柠檬酸、甲酸、乙酸其中一种或两种及以上混合物。

所述改性剂是有机胺、有机酸、乳化硅油其中一种或两种及以上混合物。

产品应用 本品主要应用于循环冷却水处理。

产品特性 木质素磺酸盐多功能水处理剂的木质素磺酸盐其基团及结构的变化、表面物理化学性能和缓蚀、阻垢性能发生如下变化：

（1）基团及结构的变化：改性后木质素磺酸盐中羧基比原来增加 65%，甲氧基增加 42%，磺酸根是原来的 1.3 倍，平均分子量是原来的 1.2 倍。

（2）表面物理化学性能：木质素磺酸钠的溶液不能形成临界胶束浓度，而木质素磺酸盐多功能水处理剂溶液则出现了临界胶束浓度，起泡能力也比木质素磺酸钠小。采用交流阻抗方法测定了木质素磺酸盐多功能水处理剂在金属表面的覆盖度；采用分光光度计测定了水处理剂对 $CaCO_3$ 的分散能力，与木质素磺酸钠相比较，木质素磺酸盐多功能水处理剂在金属表面的覆盖度和对 $CaCO_3$ 的分散能力均有了较大的提高；可见木质素磺酸盐多功能水处理剂的表面物理化学性能比未改性的木质素磺酸钠有很大的改善。

（3）缓蚀、阻垢性能：本品多功能水处理剂与木质素磺酸盐相比，显著地提高了缓蚀、阻垢性能，与有机膦类缓蚀阻垢剂相比，其缓蚀、阻垢性能优于或与其接近。

木质素磺酸盐分子含有酚羟基、醇羟基、羧基、羰基、磺酸基等功能团。酚羟基、醇羟基、羰基对高价金属离子具有螯合作用，是阻垢功能团。磺酸基和酚羟基能吸附在金属表面保护金属，酚醚结构具有稳定保护膜的作用，因而具有缓蚀、防锈作用。木质素磺酸盐是混合物，分子量分布很广，从几千到上百万。高分子量部分可用作絮凝剂，具有净化水质的作用，低分子量部分可用作分散剂和阻垢剂。

配方 12　高效低磷复合水处理剂

原料配比

原料	配比（质量份）		
	1#	2#	3#
聚天冬氨酸（PESA）	30	36	38
2-膦酸基-1,2,4-三羧酸丁烷（PBTCA）	11	9	12
七水硫酸锌	2	—	—
氯化锌	—	1	—
硫酸锌	—	—	4
苯并三氮唑	1	0.5	0.5
马来酸-丙烯酸共聚物（MA/AA）	28	25	18
去离子水	28	28.5	27.5

制备方法　在常温下，将各种物料按照比例置于反应器中，搅拌混合均匀即可。

原料介绍　本品中，聚天冬氨酸（PESA）为主要阻垢剂，2-膦酸基-1,2,4-三羧酸丁烷（PBTCA）、马来酸-丙烯酸共聚物（MA/AA）为辅助阻垢剂，锌盐、唑类、2-膦酸基-1,2,4-三羧酸丁烷（PBTCA）、聚天冬氨酸（PESA）构成了缓蚀剂，马来酸-丙烯酸共聚物（MA/AA）为分散剂，充分利用各组分之间的协同效应，形成一种具有阻垢和缓蚀作用的多功能低磷复合水处理药剂。

所述的聚天冬氨酸（PESA）作为水处理的新型绿色化学品，是一种从原料、制备过程到最终产品均对人体和环境无害的终产物。聚天冬氨酸属于聚氨基酸中的一类。聚天冬氨酸因其结构主链上的肽键而易受微生物、真菌等作用而断裂，最终降解产物是对环境无害的氨、二氧化碳和水。因此，聚天冬氨酸是生物降解性好、环境友好型化学品。

所述的 2-膦酸基-1,2,4-三羧酸丁烷（PBTCA）分子结构中同时含有膦酸基和羧基两种基团，在这两种基团的作用下，使得 PBTCA 能在高温、高硬度和高 pH 值的水质条件下,具有比常用有机膦酸更好的阻垢性能,同时它还具有缓蚀作用,含磷量低,对环境的影响小。

所述的马来酸-丙烯酸共聚物（MA/AA）为低分子量电解质,由马来酸与丙烯酸按一定比例共聚制得,MA/AA对碳酸盐等具有很强的分散作用,热稳定性高,可在300℃高温等恶劣条件下使用,与锌盐、膦酸盐复配后具有良好的相容性和协同增效作用。

所述的锌盐是一种阴极型碳钢缓蚀剂,为七水硫酸锌或无水氯化锌,两者任选其一。

所述的唑类是一种很有效的铜和铜合金的缓蚀剂,为苯并三氮唑或甲基苯并三氮唑,两者任选其一。

产品应用　本品主要应用于工业循环冷却水处理。

产品特性

(1) 本配方中选用具有生物降解性能的聚天冬氨酸为主剂,与2-膦酸基-1,2,4-三羧酸丁烷、马来酸-丙烯酸共聚物、锌盐、唑类有很好的协同作用,使阻垢和缓蚀效果得到提高,能有效地防止循环水结垢、腐蚀;

(2) 投放量小,本品投加浓度仅为10～20mg/L,缓蚀阻垢性能能够满足《工业循环冷却水处理设计规范》规定要求;

(3) 原料来源方便易得,生产成本较低,适用于自动加药控制,使用方便;

(4) 该高效低磷复合水处理剂具有成本低,阻垢缓蚀能力强,高温下稳定,适合不同浓缩倍数,能确保系统无结垢、腐蚀等现象,能适应各种复杂恶劣的工况水质,药剂药效高,投加浓度易控制,配制简便、低磷环保等优点。

配方 13　高效低磷水处理剂

原料配比

原料	配比（质量份）			
	1#	2#	3#	4#
马来酸酐	40	40	40	60
衣康酸	200	220	250	220
亚磷酸钠	130	130	130	100
硫酸	10	10	10	10
催化剂	0.006	0.006	0.006	0.006
水	310	280	280	280
过硫酸铵	40	—	—	30
过硫酸钾	—	20	40	—
过氧化氢	40	40	40	45
去离子水	70	70	70	80

制备方法

(1) 清洗检验:将反应釜冲洗干净后,检验反应釜的密闭性。

(2) 上料及升温:按比例把马来酸酐、衣康酸、亚磷酸钠、硫酸、催化剂、水注入反应釜中,打开搅拌,开启加热装置升温,把引发剂按一定比例吸入滴定槽中。

(3) 滴加:升温到30～60℃开始滴加引发剂,反应15～30min,反应温度应大于80℃,滴加温度控制在80～105℃之间,滴加时间控制在3.5～5h之间。

(4) 保温:滴加结束后在80～105℃保温1.5h。

（5）补水放料：保温结束后补加去离子水，搅拌均匀，降温至 60℃以下，打开放料阀，将上述药液过滤装入包装桶中即可得到高效低磷水处理剂，存放在阴凉透风处。

原料介绍　所述的引发剂为 28%过氧化氢和过硫酸铵、过硫酸钾中的一种；所述的硫酸为 98%浓硫酸；所述的催化剂为五氧化二钒。

产品应用　本品主要应用于工业循环冷却水处理。

产品特性　本品具有成本低、生产工艺简单、阻垢缓蚀能力强、高温下稳定、低磷环保、协同效应好、阈值效应明显等优点。

配方 14　工业水处理剂

原料配比

原料	配比（质量份）			
	1#	2#	3#	4#
水	35	30	30	40
2-膦酸基-1,2,4-三羧酸丁烷	45	43	40	50
葡萄糖酸锌	45	50	40	50
改性磺化木质素	15	13	10	20
苯并三氮唑	1	1	1	2
乙醇	2	2	2	5

制备方法

（1）将水置于反应釜内，依次缓缓加入 2-膦酸基-1,2,4-三羧酸丁烷、葡萄糖酸锌、改性磺化木质素，搅拌混匀；

（2）向步骤（1）的物料中加入已溶解苯并三氮唑的乙醇溶液，继续搅拌；

（3）在连续搅拌条件下，将反应釜温度调至（70±2）℃，恒温 2h，即得水处理剂产品。

所述改性磺化木质素可以由造纸黑液（即制浆造纸厂排放的无用黑液）制得，具体的方法如下：

（1）在造纸黑液中加入少量聚铁（质量比 2000∶1），加酸调节 pH 值为 3～4，控制温度为 60～70℃，黑液絮凝分层、过滤后，滤饼恒温烘干，研碎，即得到木质素。

（2）取上述步骤制得的木质素和亚硫酸钠（木质素∶亚硫酸钠＝4∶3），加入质量分数为 10%的氢氧化钠使木质素溶解，调节 pH 值为 7～8，置于反应器中，控制温度为 60～70℃，反应 4h，冷却，取出，离心分离，即得改性磺化木质素。

产品应用　本品适用于化工、电力、冶金和油气田的敞开式循环冷却水系统，以抑制冷却水结垢及水对金属设备的腐蚀。

产品特性

（1）加入循环水系统后能有效起到缓蚀、阻垢和抑制藻类生长的效果，对工业循环冷却水系统起到了良好的保护作用。

（2）整个生产过程无"三废"排放，并解决了制浆造纸厂的黑液污染问题。

（3）处理工艺简单、用药量少、效果好、水处理成本低。

配方 15 环保多功能水处理剂

原料配比

原料	配比(质量份)			
	1#	2#	3#	4#
氧化钠	11～12	12.5～13.5	12.5～13.5	15.5～16.5
氧化硅	27.5～28.5	25.5～26.5	20.5～21.5	25.5～26.5
氧化硼	58.5～59.5	58.5～59.5	62.5～63.5	53.5～54.5
氧化铁	0.4～0.7	0.8～1.2	0.4～0.7	1.3～1.8
氧化银	0.9～1.2	1.8～2.3	2.3～2.8	0.8～1.2
氧化钼	0.1～0.3	0.7～1.2	0.2～0.6	1.3～1.8

制备方法 将各组分混合均匀即可。

原料介绍 本品通过较好地平衡硅酸根离子及钠离子、硼酸根离子、铁离子、钼酸根离子、银离子的释放,使各物质的作用得到充分发挥,同时最大限度地降低氧化铁的负面作用(比如形成氧化铁垢),从而获得了具有出色的缓蚀、阻垢和杀菌性能的水处理剂。

产品应用 本品主要应用于循环水系统。

使用方法:用量为循环水量的 0.003%～0.005%。

产品特性 本品具有阻垢、缓蚀和杀菌的综合性能。本品是由氧化钠、氧化硅、氧化银、氧化铁、氧化钼和氧化硼组成的非晶态固状物。当其投放于水系统中时,随着在水中缓慢溶解释放,得到以下效果:①水中的钙、镁、铁等硬度物质不断地从水中被凝聚析出,软化了水质,有效阻止了系统内水垢的生成;②抑制了细菌的生长及菌泥的生成,且不伤害水系统的管道;③对水环境不造成有机物和磷化合物的污染;④当投放于循环水系统中时大幅提高浓缩倍数,循环水利用率提高到80%以上,达到节能减排效果;⑤当投放于循环水系统中时有效期长达5～7个月,且操作简单,管理方便。

配方 16 环保型无磷水处理剂

原料配比

原料	配比(质量份)	原料	配比(质量份)
钨酸钠	50	分子量为 1500 的聚丙烯磺酸盐	10
分子量为 5000 的丙烯酸与丙烯酸酯共聚物	30	苯并三氮唑	10

制备方法 将上述各组分在 30～80℃的条件下搅拌均匀即得。

产品应用 本品适用于工业循环冷却水系统。

使用方法:在冷却水系统中,每吨水中投加 1500～2500g 本品,循环运行 8～48h 后,将水排尽,然后再以每吨水加 200～500g 的量加入本品,将冷却水系统转入正常运行。

产品特性 本品原料易得,工艺简单,性能优良,使用方便,可同时解决腐蚀和结垢的问题,且对环境无污染,对人体无毒害。

配方 17　环保型有机银复合循环水处理剂

原料配比

原料	配比（质量份）					
	1#	2#	3#	4#	5#	6#
组氨酸	2.86	2.2	2.39	5.2	5.725	0.22
氧化银	2.14	—	—	—	4.275	—
乳酸银	—	2.8	—	—	—	0.28
硝酸银	—	—	2.61	—	—	—
氯化银	—	—	—	4.8	—	—
聚丙烯酸	30	—	—	—	—	—
聚丙烯酸钠	—	15	10	—	—	—
聚羧酸钠	—	—	—	10	—	—
丙烯酸-丙烯酸酯-磺酸盐三元共聚物	—	15	10	—	—	—
丙烯酸与 2-丙烯酰胺-2-甲基丙磺酸的共聚物	—	—	—	—	5	—
聚环氧琥珀酸	—	—	5	—	—	25
聚天冬氨酸钠	—	—	5	—	—	—
马来酸-丙烯酸共聚物	—	—	—	—	5	—
膦酰基羧酸共聚物	—	—	—	—	—	25
水	65	65	65	80	80	49.5

制备方法　将各组分混合均匀即可。

产品应用　本品主要应用于循环水处理。

使用方法：将本品有机银复合循环水处理剂加入工业用水中，在工业用水中的浓度为 $0.002\%\sim0.006\%$。

产品特性　本品采用了环保的组氨酸银配合物和聚羧酸类阻垢剂作为循环水处理剂，其中聚羧酸类阻垢剂使组氨酸银配合物在水溶状态下性质稳定，不发生变色及沉淀，从而可以长期维持组氨酸银配合物的缓蚀效果及杀菌活性；组氨酸银配合物和聚羧酸类阻垢剂同时用于循环水处理可以集防垢除垢、缓蚀、杀菌灭藻等功能于一体，无须再使用其他阻垢剂、缓蚀剂、杀菌剂、杀藻剂，环保节能。

配方 18　缓蚀阻垢水处理剂

原料配比

原料	配比（质量份）		
	1#	2#	3#
30%的碱液	2	2	2
苯并三氮唑	0.88	0.9	1
去离子水	18	18	20
丙烯酸-丙烯酸酯共聚物	26	30	28
磺酸共聚物	13	15	14
聚环氧琥珀酸	6.5	7.5	7
羟基亚乙基二膦酸	10	12	12
2-膦酸基-1,2,4-三羧酸丁烷（PBTCA）	15	16	16
氯化锌	4	3.8	3.6

制备方法

(1) 用碱液溶解苯并三氮唑，碱液的浓度范围是 $25\%\sim30\%$，碱的用量范围是苯并三氮唑的 $1.8\sim2.2$ 倍；

(2) 向釜内加入去离子水，开始搅拌，向釜内加丙烯酸-丙烯酸酯共聚物、磺酸共聚物、聚环氧琥珀酸，再加入羟基亚乙基二膦酸，升温至 $40\sim70℃$，边升温边搅拌，搅拌时间是 $10\sim30min$；

(3) 向釜内加入已配制好的苯并三氮唑溶液，搅拌均匀；

(4) 向釜内加入 2-膦酸基-1,2,4-三羧酸丁烷和锌盐（先将锌盐投入 PBTCA 中充分溶解，再将所得溶液加入釜内），搅拌均匀；

(5) 在 $40\sim70℃$ 下继续搅拌 $20\sim40min$；

(6) 冷却至常温后出料，计量、包装即为成品。

原料介绍 聚环氧琥珀酸为阻垢剂。羟基亚乙基二膦酸和 2-膦酸基-1,2,4-三羧酸丁烷为阻垢缓蚀剂。苯并三氮唑为缓蚀剂。锌盐为预膜剂，可以是氯化锌。

产品应用 本品为工业水处理剂，阻垢率高于 95%。

产品特性 本品原料易得，配比科学，工艺简单，使用方便，操作容易，费用相对较低，缓蚀阻垢效果显著。

配方 19 缓蚀阻垢型水处理剂

原料配比

原料	配比（质量份）		
	1#	2#	3#
SN150 润滑油基础	30	—	—
SN350 润滑油基础	—	—	30
石油磺酸钠	20	30	—
石油磺酸钡	—	—	20
失水山梨糖醇单油酸酯	5	—	—
羟基亚乙基二膦酸	—	18	—
2-氨乙基十七烯基咪唑啉	—	—	5
铬酸钠	—	12	—
羊毛脂镁皂	2.5	—	2.5
氧化石油脂钡皂	2.5	—	2.5
氢氧化钠	—	2.5	—
聚丙烯酸钠	1.5	2.5	—
硅酸钠	0.5	0.5	0.5
聚环氧琥珀酸	1	—	1.5
聚马来酸	—	—	1
油酸钠	10	—	—
油酸	—	10	—
三乙醇胺	10	10	—
油酸三乙醇胺	—	—	15
吐温-80	4	4	4
OP-10	3	3	3
水	加至 100	加至 100	加至 100

制备方法 将各组分按比例混合搅匀即得到颜色透明、均一稳定的黏稠状液体。

产品应用 本品主要应用于工业循环冷却水和锅炉水系统。

应用方法：在工业循环冷却水系统或锅炉水系统中直接加入本品，添加量为0.0005%～0.05%。

产品特性 本品用于工业循环冷却水系统或锅炉水系统水处理时，即使对于过去曾经预膜且已出现局部破损的旧设备，也无须预膜，仍能在出现膜破损之处自动富集形成高阻疏水液膜，有效抑制其局部腐蚀。

配方 20 碱性复合水处理剂

原料配比

原料	配比(质量份)	原料	配比(质量份)
碳酸锌	10	聚硅酸钾钠	400
羟基亚乙基二膦酸	50～150	水溶性腐植酸钠	250
羟基亚乙基二膦酸钾钠	150	碳酸钠饱和水溶液	适量
氨基三亚甲基膦酸钾钠	150		

制备方法

(1) 准确称取含量≥98%的优质碳酸锌，放入带搅拌器的耐酸反应釜内，在搅拌下缓慢滴加羟基亚乙基二膦酸，进行合成，生成羟基亚乙基二膦酸锌盐，至泡沫停止产生时为准，然后用碳酸钠饱和水溶液将釜内反应物的pH值调至8.5，备用。

(2) 在搅拌下分别向反应釜内注入羟基亚乙基二膦酸钾钠、氨基三亚甲基膦酸钾钠、聚硅酸钾钠和水溶性腐植酸钠。

(3) 将上述反应产物用过滤器滤除机械杂质，滤液即为成品。

产品应用 本品用于循环供热、循环冷却系统设备的防垢、防锈蚀、防水藻、防丢水，广泛适用于采暖锅炉、油田、输油管网以及石油化工、炼钢、制药、热处理油浴、汽车水箱、空压机、自备电站柴油发电机组等的循环冷却水系统。

产品特性

(1) 原料易得，配比科学，工艺简单，综合性能优良。

(2) 本品提供的阴极成膜剂是聚硅酸盐，聚硅酸根的分子量是偏硅酸根的几倍乃至十几倍，成膜后的膜层密度明显提高，提高了阻碍膜层内侧铁离子向水中游动的能力，防蚀效果明显提高。

(3) 本品含有可以在阴极区成膜的锌离子，当锌离子流动至阴极区金属表面时，遇到从阳极区流动过来的自由电子，则锌离子吸收电子后变成锌原子而沉积在阴极区钢材表面，这种元素的电极电位比铁低，因而对后续的自由电子有一种斥力，防止了自由电子通过膜层向水中的溶解氧输送，控制了腐蚀电池现象的发生和发展。

(4) 本品采用聚硅酸盐而非硅酸盐，聚硅酸盐与钙、镁离子生成的沉淀比硅酸盐与钙、镁离子生成的沉淀大，而且聚硅酸盐本身又是絮凝剂，可让沉淀物凝聚成更大的粒子，易于沉降和排出。

(5) 本品除了采用氨基三亚甲基膦酸钾钠作水稳定剂外，又增加了羟基亚乙基二膦酸钾钠，对水中的钙盐有更显著的稳定作用。

(6) 本品改碳酸钾为水解后呈碱性的钾钠盐，既可以达到溶解水垢中硅酸盐的目的，又可以避免长期使用钾碱而对钢材的碱性腐蚀和苛性脆化。

配方 21 碱性复合水处理药剂

原料配比

原料	配比（质量份）		
	1#	2#	3#
去离子水	15	25	30
氨基三亚甲基膦酸钾钠	30	35	40
聚硅酸钾	20	25	30
七水硫酸锌	5	6	8
羟基亚乙基二膦酸	2	2	3

制备方法 将去离子水投入到反应容器中，先将氨基三亚甲基膦酸钾钠加入到反应容器中，搅拌并完全溶解；再将聚硅酸钾加入到反应容器中，并进行搅拌；然后将七水硫酸锌、羟基亚乙基二膦酸加入到反应容器中，并进行搅拌，充分溶解，再搅拌 2h；最后将上述混合物用过滤器滤除机械杂质，滤液即为成品。

原料介绍 本品所使用的羟基亚乙基二膦酸能与铁、铜、锌等多种金属离子形成稳定的配合物，能溶解金属表面的氧化物，起到缓蚀作用。

本品所使用的氨基三亚甲基膦酸钾钠具有较高的溶解度，可阻止水中成垢盐类形成水垢，特别是碳酸钙垢的形成，起到阻垢作用。

产品应用 本品主要应用于循环供热、循环冷却系统设备的防垢、防锈蚀。

产品特性 本品能有效地防止循环水系统管道以及换热器的腐蚀、结垢和黏泥的产生，并延长设备的使用寿命，提高换热效果。

配方 22 聚醚羧酸酯类环保型水处理剂

原料配比

原料	配比（质量份）					
	1#	2#	3#	4#	5#	6#
烯丙基聚乙二醇单醚	100	100	110	180	150	100
己二酸	100	—	—	—	—	—
乙二酸	—	120	—	90	—	—
丙二酸	—	—	130	—	—	80
戊二酸	—	—	—	—	60	—
对甲基苯磺酸	0.5	—	1	—	—	0.8
氯化亚砜	—	0.6	—	0.2	0.3	—
N,N-二甲基甲酰胺	—	0.1	—	0.5	0.3	—
马来酸酐	80	—	—	—	—	—
丙烯酸	—	50	—	—	—	—
马来酸	—	—	—	—	—	140
丙烯酸丁酯	—	—	110	—	—	—
丙烯酸羟丙酯	—	—	—	140	—	—
衣康酸羟丙酯	—	—	—	—	100	—
水	100	160	190	100	220	100
过硫酸钠	12	—	10	10	12	8
过硫酸钾	—	10	—	—	—	—

制备方法 在 N_2 气氛下，以烯丙基聚乙二醇单醚的质量为基准，将烯丙基聚乙二醇单醚和 0.05～5 倍的双羧酸加入反应釜中，再加入 0.001～0.05 倍的酯化催化剂，在 60～160℃下反应 1～10h，得聚醚羧酸酯反应单体。将反应温度调至 50～

95℃后，再加入0.2~5倍的含乙烯基不饱和双键的单体、0.1~5倍的水，混匀后滴加质量分数为5%~50%的无机引发剂水溶液，无机引发剂的加入量为烯丙基聚乙二醇单醚的0.01~0.5倍，1~5h滴完，滴完后继续在50~95℃下反应0.5~10h，冷至室温，制得固含量为5%~70%的聚醚羧酸酯类环保型水处理剂。

原料介绍 所述的含乙烯基不饱和双键的单体为丙烯酸、甲基丙烯酸、丙烯酸甲酯、丙烯酸乙酯、丙烯酸丙酯、丙烯酸丁酯、马来酸酐、丙烯酸羟丙酯、马来酸、衣康酸的一种或多种的组合。

所述的酯化催化剂为氯化业砜、N,N-二甲基甲酰胺、对甲基苯磺酸中的一种。

所述的无机引发剂为过硫酸钠、过硫酸钾、偏重亚硫酸钠、偏重亚硫酸钾、过磺酸钠、过磺酸钾、过氧化氢中的一种或者多种的组合。

产品应用 本品主要应用于工业循环冷却水系统，尤其适用于高钙冷却水水质。

产品特性

（1）合成聚合物的原料易得，且该聚醚羧酸酯类水处理剂不含富营养元素磷，具有良好的生物降解性能，是一种新型的绿色水处理剂。其制备工艺绿色、环境友好，合成过程采用环保、价廉的水作为反应溶剂，反应过程采用一步法方式，无须分离，操作简单方便，生产成本较低，采用的催化剂简单易得。

（2）该聚醚羧酸酯类水处理剂结构中含有亲水性强的聚醚基团，以及能与钙离子螯合的羧酸根离子，对工业循环冷却水系统中的磷酸钙、碳酸钙和硫酸钙垢有高效的抑制作用。

（3）该聚醚羧酸酯类水处理剂的配伍性好，可与有机磷酸盐、锌盐缓蚀剂等水处理剂复配使用，也可单独使用。

配方 23 可降解水处理剂

原料配比

原料	配比（质量份）			
	1#	2#	3#	4#
亚硫酸氢钠	98	84	80	—
亚硫酸氢钾	—	—	—	80
异丙醇	7	20	15	15
环氧氯丙烷	25	25	25	25
40%的氢氧化钠	42	42	42	—
40%的氢氧化钾	—	—	—	58.8
环氧琥珀酸钠水溶液	135	135	135	135
氯化钡	1	—	1	1
硝酸锶	—	—	1	—

制备方法 本品是以环氧氯丙烷和亚硫酸氢盐为原料，在相转移催化剂异丙醇和氮气的作用下合成中间体，中间体无须分离直接在稀土金属催化剂Ba、Sr的催化作用下与环氧琥珀酸聚合，得到聚环氧磺羧酸或盐的溶液。具体步骤如下：亚硫酸氢盐在氮气保护下溶于水，加入相转移催化剂异丙醇，在搅拌的条件下滴加环氧氯丙烷，控制反应温度为65~95℃，反应时间为1.5~3h；再加入碱，减压蒸馏回收相转移催化剂；然后加入一定量的稀土金属催化剂，在pH=10~14、80~90℃的条件下与环氧琥珀酸聚合3~4h，得到聚环氧磺羧酸或盐的黄褐色黏稠溶液。

原料介绍 稀土金属催化剂成分为氯化物或硝酸盐。

产品应用 本品可广泛用于循环冷却水、锅炉水、油田水、膜处理等领域的阻垢缓蚀处理。

产品特性 本品原料易得，配比科学，工艺简单，产品性能稳定，具有良好的阻垢和分散性能。

配方 24　冷凝水处理剂

原料配比

原料	配比（质量份）		原料	配比（质量份）	
	1#	2#		1#	2#
多聚磷酸钠	10	14	聚丙烯酰胺	—	4
硅酸钠	75	60	非氧化型杀菌剂	—	6
硫酸钠	15	16			

制备方法

（1）将多聚磷酸钠、硅酸钠、硫酸钠分别粉碎成粉剂；

（2）将（1）中的三种粉剂均匀混合，并水合交联成复合物；

（3）收集（2）中的复合物并混合加入聚丙烯酰胺和非氧化型杀菌剂，搅拌均匀后放入压模中成型；

（4）将（3）中成型的复合物在 30～90℃ 的温度下进行干燥处理（自然干燥或放入干燥装置中强行干燥均可）。

原料介绍 本品原料中的多聚磷酸钠可以是三聚磷酸钠、六偏磷酸钠其中的一种，也可以是两种的组合物，具有良好的防腐蚀、去污等特性；硅酸钠可以是固态，也可以是液态（泡花碱），除具有防腐蚀、洗涤特性外，还具有交联凝聚作用；硫酸钠具有增强润滑性，使污泥便于剥离的作用。以上三种原料组合可以产生增效作用。

非氧化型杀菌剂可以是季铵盐型杀菌型、五氯酚钠或三氯酚钠，在杀灭微生物的同时不会腐蚀容器；聚丙烯酰胺是调和黏结剂。

产品应用 本品可用于冷凝水系统，特别是大型建筑中央空调末端冷凝器排水管道的处理与保养。本品可以避免管道堵塞，避免冷凝水从接水盘溢出，防止损坏吊顶，产生霉斑，能够延长系统的使用寿命。

产品特性 本品工艺流程比较简单，制作过程大部分在常温常压下进行；性能优良，同时具有防腐蚀、去污、抑菌、防黏泥功能，且具有良好的化学及物理稳定性，便于贮存及运输。

配方 25　冷却水处理剂

原料配比

原料	配比（质量份）		原料	配比（质量份）	
	1#	2#		1#	2#
甲基三亚甲基膦酸	5	4	硫酸锌	1	1
分散剂 TS-604A	3	2	乙醇	1	2
羟基苯并噻唑	2	1			

制备方法 将各组分混合均匀即可。

产品应用 本品主要应用于冷却水处理。

产品特性 本品配方合理，使用效果好，生产成本低。

配方 26　绿色环保型聚醚多功能水处理剂

原料配比

原料	配比（质量份）											
	1#	2#	3#	4#	5#	6#	7#	8#	9#	10#	11#	12#
烯丙基聚乙二醇单醚	100	100	110	180	150	100	120	120	80	100	160	240
马来酸酐	50	200	330	60	30	80	80	60	100	200	320	60
丙烯酸	80	—	—	—	—	—	—	50	—	—	—	—
衣康酸	—	60	—	—	—	—	—	50	—	60	—	—
甲基丙烯酸羟乙酯	—	—	100	—	—	—	—	60	—	—	80	—
丙烯酸羟丙酯	—	—	—	150	—	—	—	—	—	—	—	100
富马酸	—	—	—	—	100	—	—	—	—	—	—	—
马来酸	—	—	—	—	—	200	—	—	—	—	—	—
甲基丙烯酸	—	—	—	—	—	—	70	—	—	—	—	—
丙烯酸羟乙酯	—	—	—	—	—	—	80	—	—	—	—	—
丙烯酸羟甲酯	—	—	—	—	—	—	—	—	50	80	—	—
富马酸单甲酯	—	—	—	—	—	—	—	—	—	—	80	—
富马酸二羟丙酯	—	—	—	—	—	—	—	—	—	—	—	100
水	450	250	380	200	200	400	500	480	350	300	480	400
过硫酸钠	12	4	10	5	12	20	—	—	18	3	7	5
过硫酸钾	—	4	—	—	—	—	—	—	—	3	—	—
过磺酸钾	—	—	—	5	—	—	—	10	—	—	—	5
偏重亚硫酸钠	—	—	—	—	—	—	28	—	—	3	—	—

制备方法 在 N_2 气氛下，以烯丙基聚乙二醇单醚质量为基准，将烯丙基聚乙二醇单醚和 0.1～5 倍的马来酸酐加入反应釜中，在 50～150℃下反应 1～10h，得聚醚羧酸反应单体。将温度调至 60～95℃后，加入 0.2～5 倍的含乙烯基不饱和双键的单体、0.1～5 倍的水，混匀后滴加质量分数为 5%～60% 的无机引发剂水溶液，无机引发剂的加入量为 0.01～0.5 倍的烯丙基聚乙二醇单醚，0.5～5h 滴完，滴完后继续在 60～95℃下反应 0.5～10h，冷至室温，制得 5%～80% 绿色环保型聚醚多功能水处理剂。

原料介绍 所述的含乙烯基不饱和双键单体为丙烯酸、甲基丙烯酸、马来酸酐、马来酸、衣康酸、富马酸、丙烯酸羟甲酯、甲基丙烯酸羟甲酯、丙烯酸羟乙酯、甲基丙烯酸羟乙酯、丙烯酸羟丙酯、甲基丙烯酸羟丙酯、丙烯酸羟丁酯、丙烯酸羟己酯、马来酸单甲酯、马来酸单乙酯、马来酸单异丙酯、马来酸异丁酯、马来酸单叔丁酯、马来酸单烯丙酯、富马酸单甲酯、富马酸单乙酯、富马酸单丙酯、富马酸二羟丙酯或富马酸单丁酯的一种或多种的组合。

所述的无机引发剂为过硫酸钠、过硫酸钾、过磺酸钠、过磺酸钾或过氧化氢中的一种或者多种的组合。

产品应用 本品主要应用于循环冷却水系统，尤其适用于高钙冷却水水质。

产品特性

(1) 本品不含磷、氮等富营养元素，具有良好的生物降解性能，是一种新型的绿色水处理剂。其制备工艺绿色、环境友好，合成过程采用环保、价廉的水作为反应溶剂，反应过程采用"一锅煮"方式，无须分离，操作简单方便，生产成本较低。

(2) 本品结构中含有亲水性强的聚醚基团，以及含有大量能与钙离子螯合的羧酸根离子，对工业循环冷却水系统中磷酸钙、碳酸钙、硫酸钙垢有高效的抑制作用，尤其适合在高钙冷却水水质中应用；并且对氧化铁具有特别好的分散作用，除此之外还具有良好的缓蚀性能。

（3）本品的配伍性好，可与有机膦酸盐、锌盐缓蚀剂等水处理剂复配使用，也可单独使用。

配方 27 绿色环保型聚乙二醇类多功能水处理剂

原料配比

原料	配比（质量份）									
	1#	2#	3#	4#	5#	6#	7#	8#	9#	10#
聚乙二醇	100	100	150	160	50	100	120	160	200	180
马来酸酐	120	50	360	80	20	50	20	65	180	200
衣康酸	50	—	—	—	—	—	50	—	—	—
丙烯酸	—	80	—	—	—	—	50	—	—	—
富马酸	—	—	—	80	—	—	—	—	70	—
马来酸	—	—	—	—	—	200	—	—	—	120
甲基丙烯酸	—	—	—	—	—	—	—	70	70	—
丙烯酸羟丙酯	—	—	120	—	—	—	—	—	—	120
富马酸二羟丙酯	—	—	—	—	—	—	—	—	—	100
甲基丙烯酸羟乙酯	—	—	—	150	—	—	60	—	—	—
丙烯酸羟乙酯	—	—	—	—	—	—	—	80	70	—
过硫酸钾	5	—	—	—	—	—	—	—	—	—
过硫酸钠	5	13	15	3	7	20	—	—	—	12
偏重亚硫酸钾	5	—	—	—	—	—	—	25	30	—
过磺酸钾	—	—	—	3	—	—	20	—	—	—
水	360	700	880	1600	800	2100	1780	1600	2800	3920

制备方法 在 N_2 气氛下，以聚乙二醇质量为基准，将聚乙二醇和 0.1～5 倍的马来酸酐加入反应釜中，在 50～150℃下反应 0.5～10h，得聚乙二醇羧酸反应单体；将温度调至 60～95℃后，加入 0.1～5 倍的含乙烯基不饱和双键的单体，0.01～0.5 倍的无机引发剂，2～25 倍的水，完成后继续在 60～95℃下反应 0.5～10h，冷至室温，制得 5%～80% 绿色环保型聚乙二醇类多功能水处理剂。

原料介绍 所述的含乙烯基不饱和双键单体为丙烯酸、甲基丙烯酸、马来酸酐、马来酸、衣康酸、富马酸、丙烯酸羟甲酯、甲基丙烯酸羟甲酯、丙烯酸羟乙酯、甲基丙烯酸羟乙酯、丙烯酸羟丙酯、甲基丙烯酸羟丙酯、丙烯酸羟丁酯、丙烯酸羟己酯、马来酸单甲酯、马来酸单乙酯、马来酸单异丙酯、马来酸异丁酯、马来酸单叔丁酯、马来酸单烯丙酯、富马酸单甲酯、富马酸单乙酯、富马酸单丙酯、富马酸二羟丙酯或富马酸单丁酯中的一种或多种的组合。

所述的无机引发剂为过硫酸钠、过硫酸钾、偏重亚硫酸钠、偏重亚硫酸钾、过磺酸钠、过磺酸钾或过氧化氢中的一种或者多种的组合。

产品应用 本品主要应用于工业循环冷却水系统，用于水质的缓蚀、阻垢、分散处理。

产品特性

（1）本品不含磷、氮等富营养元素，具有良好的生物降解性能，是一种新型的绿色水处理剂。其制备工艺绿色、环境友好，合成过程采用环保、价廉的水作为反应溶剂，反应过程采用"一锅煮"方式，无须分离，操作简单方便，生产成本较低。

（2）本品结构中含有大量能与钙离子螯合的羧酸根离子，对工业循环冷却水系统中磷酸钙、碳酸钙、硫酸钙垢有高效的抑制作用，尤其适合在高钙冷却水水质中应用；并且对氧化铁具有特别好的分散作用，除此之外还具有良好的缓蚀性能。

（3）本品的配伍性好，可与有机膦酸盐、锌盐缓蚀剂等水处理剂复配使用，也可单独使用。

配方 28 绿色环保型聚乙二醇醚多功能水处理剂

原料配比

原料	配比（质量份）									
	1#	2#	3#	4#	5#	6#	7#	8#	9#	10#
聚乙二醇甲醚	100	—	—	—	—	50	—	—	100	—
聚乙二醇正丁醚	—	100	—	—	—	—	—	—	—	—
聚乙二醇十二烷基醚	—	—	150	—	—	50	—	—	—	—
聚乙二醇十八烷基醚	—	—	—	160	—	—	—	—	—	—
聚乙二醇异丙醚	—	—	—	—	50	—	—	—	—	—
聚乙二醇辛醚	—	—	—	—	—	—	120	—	—	—
聚乙二醇乙醚	—	—	—	—	—	—	—	160	—	180
聚乙二醇异丁醚	—	—	—	—	—	—	—	—	50	—
聚乙二醇十六烷基醚	—	—	—	—	—	—	—	—	50	—
马来酸酐	120	50	260	80	10	50	20	65	880	200
衣康酸	50	—	—	—	—	—	50	—	—	—
丙烯酸	—	80	—	—	—	—	50	—	—	—
富马酸	—	—	—	—	80	—	—	—	70	—
马来酸	—	—	—	—	—	230	—	—	—	120
甲基丙烯酸	—	—	—	—	—	—	—	70	70	—
丙烯酸羟丙酯	—	—	120	—	—	—	—	—	—	120
富马酸二羟丙酯	—	—	—	—	—	—	—	—	—	100
甲基丙烯酸羟乙酯	—	—	—	150	—	—	60	—	—	—
丙烯酸羟乙酯	—	—	—	—	—	—	—	80	70	—
过硫酸钾	1	—	—	—	—	—	—	—	—	—
过硫酸钠	1	3	16	3	7.5	20	—	—	—	12
偏重亚硫酸钾	1	—	—	—	—	—	—	25	33	—
过磺酸钾	—	—	—	3	—	—	20	—	—	—
水	220	360	870	1600	800	2110	2380	1660	2800	3920

制备方法 在 N_2 气氛下，以聚乙二醇醚质量为基准，将聚乙二醇醚和 0.1～5 倍的马来酸酐加入反应釜中，在 50～150℃下反应 0.5～10h，得聚乙二醇醚羧酸反应单体；将温度调至 60～95℃后，加入 0.1～5 倍的含乙烯基不饱和双键的单体，0.01～0.5 倍的无机引发剂，2～25 倍的水，继续在 60～95℃下反应 0.5～10h，冷至室温，制得 5%～80% 绿色环保型聚乙二醇醚多功能水处理剂。

原料介绍 所述的聚乙二醇醚为 C_1～C_{18} 的饱和烃基聚乙二醇单醚中的一种或多种的组合；所述的含乙烯基不饱和双键的单体为丙烯酸、甲基丙烯酸、马来酸酐、马来酸、衣康酸、富马酸、丙烯酸羟甲酯、甲基丙烯酸羟甲酯、丙烯酸羟乙酯、甲基丙烯酸羟乙酯、丙烯酸羟丙酯、甲基丙烯酸羟丙酯、丙烯酸羟丁酯、丙烯酸羟己酯、马来酸单甲酯、马来酸单乙酯、马来酸单异丙酯、马来酸异丁酯、马来酸单叔丁酯、马来酸单烯丙酯、富马酸单甲酯、富马酸单乙酯、富马酸单丙酯、富马酸二羟丙酯或富马酸单丁酯中的一种或多种的组合。

所述的无机引发剂为过硫酸钠、过硫酸钾、偏重亚硫酸钠、偏重亚硫酸钾、过磺酸钠、过磺酸钾或过氧化氢中的一种或者多种的组合。

产品应用 本品主要应用于工业循环冷却水系统。

产品特性

(1) 本品不含磷、氮等富营养元素，具有良好的生物降解性能，是一种新型的绿色水处理剂。其制备工艺绿色、环境友好，合成过程采用环保、价廉的水作为反应溶剂，反应过程采用"一锅煮"方式，无须分离，操作简单方便，生产成本较低。

(2) 本品结构中含有亲水性强的聚醚基团，以及含有大量能与钙离子螯合的羧酸根离子，对工业循环冷却水系统中磷酸钙、碳酸钙、硫酸钙垢有高效的抑制作用，尤其适合在高钙冷却水水质中应用；并且对氧化铁具有特别好的分散作用，除此之外还具有良好的缓蚀性能。

(3) 本品的配伍性好，可与有机膦酸盐、锌盐缓蚀剂等水处理剂复配使用，也可单独使用。

配方 29　设备冷却水处理剂

原料配比

原料	配比（质量份）	原料	配比（质量份）
双膦酸	60	氯化钠	20
丙烯酸	25	硝基丙二醇	15
氯化锌	15		

制备方法 将各组分混合均匀即可。

产品应用 本品主要应用于设备冷却水的处理。

使用方法：使用时，在冷却水中加入 2～5g/L 本品，效果最理想。

产品特性 本品主要用于设备冷却水的处理，可以有效防止设备的腐蚀、生锈，并能有效地控制冷却水中有害物质的产生。本品制备工艺简单，成本较低，具有无毒、无污染、无腐蚀、稳定性好等优点，适合于强碱性、高温等水质，效果理想。

配方 30　无机水处理剂

原料配比

原料	配比（质量份）		
	1#	2#	3#
六偏磷酸钠	60	70	62.5
磷酸氢钙	20	30	22.5
碳酸铜	5	10	7.5
碳酸锌	5	10	7.5

制备方法 称取六偏磷酸钠、磷酸氢钙、碳酸铜、碳酸锌，均匀混合后在一个由高温石英材料为内衬的容器中进行熔融，控制熔化温度范围为 700～950℃，反应温度为 1000～1300℃，总加热时间为 1.5～3.5h；再经成型、退火、冷却即得产品。

所述的成型是将已熔化的玻璃液连续浇注在模具中，再经脱模形成相应形状的初品。退火温度为 200～350℃，退火时间为 30～50min。

产品应用 本品可用于循环冷却水、生活饮用水的处理。使用方法：

(1) 用于循环冷却水时，可以按需要加入一定的量，以布袋装入本品后悬挂在水系统中，以使流经的水能溶有适量的处理剂，浓度一般在 0.0002%～0.0003%。

(2) 用于生活饮用水时，可以将本品置于一个耐压的容器中，容器的两端与管路相连，打开水龙头时，进水经过装有水处理剂的容器，水处理剂溶入 0.0001%～0.0003% 到水中而起到保护材料的作用。

产品特性

(1) 本品可以在密闭容器中经水溶出后使用，不仅具有聚磷酸盐特有的阻垢性能，还具有优异的防腐、杀菌和灭藻性能。

(2) 本品中含有大量的铜、锌离子，具有防腐性能，防腐能力优于常规的聚硅磷酸盐，尤其是当水的硬度低于 0.006% 时，本品仍具有良好的防腐效果。

(3) 本品不仅具有防腐阻垢、开放循环水阻垢灭藻的功能，同时有利于人体吸收矿物质。

(4) 本品所用原料均为食品级并经 1000℃ 以上的高温制备而成，其金属盐的含量均远低于国家标准，因此在生活饮用水及循环冷却水中应用时均是安全、环境友好的水处理剂。

(5) 本品无毒、无味、不挥发，是纯无机材料，使用中无特殊要求。

配方 31 水处理药剂

原料配比

原料	配比（质量份）	原料	配比（质量份）
膦羧酸盐(2-膦羧基-1,2,4-三羧酸丁烷)	12～16	多醚基多氨基膦酸盐共聚物	25～35
膦酸盐(羟基亚乙基二膦酸)	8～12	磺酸盐共聚物	45～55

制备方法 将各组分混合均匀即可。

产品应用 本品主要应用于化工、化纤等同类循环冷却水系统，适用于高硬度、高碱度水质（碳酸钙＋总碱度≤1000mg/L）。本品使用浓度为 27～30mg/L，浓缩倍数可控制在 4～6 倍。

产品特性

(1) 无锌、碱性、全有机膦系配方。

(2) 针对现场循环冷却水补充水而言，浓缩倍数可控制在 4～6 倍。

(3) 试验结果达到了新的水质监测控制指标。

(4) 浓缩倍数的提高，减少了补充水量，节水费用较为可观。

(5) 降低了设备的故障频率，减少了装置停车次数。

配方 32 水处理复合药剂

原料配比

原料	配比（质量份）	
	1#	2#
1-羟基亚乙基-1,1-二膦酸(58%的水溶液)	32.7	27
苯并三氮唑	3.8	3.3
2-膦酸基-1,2,4-三羧酸丁烷(50%的水溶液)	27.9	23
钼酸钠	33.6	27.5
硫酸镁	2	19.2

制备方法 将各组分混合均匀即可。

产品应用 本品主要应用于水处理，本品加药方法如下：

方案 A：将一定量的水处理复合药剂装入一塑料瓶或其他耐腐蚀材料制成的容器内（容量 50mL～10L，最适宜的容量为 100～2000mL），该塑料瓶（或容器）有盖子，盖子最好使用密度大于瓶身的材料制成。必要时，容器盖子处可悬挂较重物体，如不锈钢片等，以保证当容器浮于水面时，容器盖子能全部沉没于水下，容器的盖子上需有一个以上小孔，孔径为 0.05～20mm 之间，最佳孔径范围为 0.3～6mm 之间。用一绳子（塑料或其他材料）打结后，穿入容器盖下中央的一小孔，将绳子的一端绑在冷却水塔支架下，然后将药瓶放入水塔内。药品将随着药瓶在水塔中上下浮动而逐渐溶化释出，对系统进行加药处理，从而起到缓蚀、阻垢、杀菌灭藻的功效。药剂从容器内溶出的速度与其在容器内水的溶解度及开孔的孔径与孔的数目有关。通过控制水处理剂的组分可以控制药剂在容器内的水中的饱和溶解度。开孔的孔径与孔的数目以及所投加的药瓶数也可以根据需要而合理选择，以满足特定系统的需求。

方案 B：按方案 A，将一定量的水处理复合药剂装入盖子钻有小孔的容器内，然后将一个以上装有药剂的容器放入一个足够大的桶或类似容器中，将部分水塔回水引至桶中，再用适当的方法（如一导管）将桶中溶有药瓶中渗出的药剂的水引回至水塔，对系统进行加药处理。这种加药方法的优点在于：①可以用于较为大型的冷却水系统；②系统停止运行时，加药也可随之停止。这种新型的水处理药剂具有适用性广，便于使用、运输、贮存，性能效果优良等特性。与本品提供的新式加药方式一起使用，能使其药效在一定时间内保持不变，操作更为简易，可以起到缓蚀、阻垢、杀菌灭藻作用，节能省水，延长设备使用寿命，节省处理费用及人力等效果也更为明显。

产品特性 上述加药方法是为本品所提供的膏浆状水处理剂而特别设计的。如这种加药方法与可以均匀缓慢全溶于水的水处理复合药剂合用，则无须预先将浓缩型水处理剂配成水溶液，也无须使用计量泵及自动控制系统连续加药，就能保证药效在系统中一定时间内保持不变。

配方 33　水处理用黏泥抑制剂

原料配比

原料	配比（质量份）						
	1#	2#	3#	4#	5#	6#	7#
十二烷基二甲基叔胺	22.2	—	—	22.2	—	—	—
十四烷基二甲基叔胺	—	25.1	—	—	—	—	—
十六烷基二甲基叔胺	—	—	28	—	—	—	—
二乙烯三胺	104.2	—	—	—	104.2	—	—
三乙烯四胺	—	147.5	—	—	—	—	—
己二胺	—	—	117.2	—	—	117.2	—
乙二胺	—	—	—	—	—	—	60
二丙烯三胺	—	—	—	132.3	—	—	—
1-氯代十二烷	—	—	—	—	20.68	—	—
1-氯代十八烷	—	—	—	—	—	—	7.3
1-溴代十四烷	—	—	—	—	—	14	—
盐酸胍	96.8	96.8	96.8	96.8	130.8	96.8	96.8
乙二醇	100	—	—	—	60	—	—
二甘醇	—	100	100	—	—	100	—
环丁砜	—	—	—	50	—	—	30

制备方法 方法一：向装有冷凝器和氨气回收装置的反应瓶中依次加入长链伯胺、二胺、单体胍和溶剂，在 $60\sim120℃$ 搅拌反应 $3\sim8h$ 后，升温至 $140\sim200℃$，搅拌反应 $4\sim10h$；最后加入溶剂调配至所需浓度，即得产品。

方法二：向装有冷凝器和氨气回收装置的反应瓶中，加入二胺和溶剂，然后在室温至120℃时，向反应瓶中滴加卤代烃，滴加完毕后在 $30\sim120℃$ 保温反应 $1\sim5h$，再加入单体胍，升温到 $60\sim120℃$ 反应 $2\sim6h$，再升温到 $140\sim200℃$ 反应 $4\sim10h$；最后加入溶剂调配至所需浓度，即得产品。

原料介绍 所述长链伯胺结构式为 $CH_3(CH_2)_nNH_2$，其中，$n=9\sim17$。

所述的二胺结构式有以下两种：

$$H_2N-(CH_2)_x(NH-(CH_2)_x)_yNH_2$$

（其中，$x=2,6,8$；$y=0,1,2,3$）

所用的单体胍为盐酸胍、硫酸胍、磷酸胍、乙酸胍。

所用溶剂为水、丙酮、乙二醇、丙三醇、1,2-丙二醇、1,3-丙二醇、N,N-二甲基甲酰胺、异丙醇、二甘醇、三甘醇、环丁砜等。

所用卤代烃结构式为 $CH_3(CH_2)_aX$，其中，$a=9\sim17$，X=Cl、Br、I。

产品应用 本品主要应用于工业循环冷却水中的黏泥清洁和抑制。

使用方法：水处理用黏泥抑制剂在水系统中的使用浓度视水中细菌及管壁上的生物黏泥情况而定；一般采用冲击式加药方式，使用浓度一般为 $10\sim100mg/L$。

产品特性 本品具有杀菌高效、抑菌时间长、无抗药性、无毒、使用安全等特点，且合成工艺简单，对各种金属材料无腐蚀，对环境友好，适用于工业循环冷却水，对水中异养菌（TGB）、铁细菌、硫酸盐还原菌（SRB）和各种藻类有极其优异的杀灭效果，对循环水系统中的生物黏泥具有优异的剥离效果。

配方 34 多功能水质稳定剂

原料配比

原料	配比（质量份）					
	1#	2#	3#	4#	5#	6#
2-膦酸基-1,2,4-三羧酸丁烷	100	60	100	—	50	100
1,3,3-三膦酸基戊酸	—	40	—	—	—	—
4,4-二膦酸基-1,7-庚二酸	—	—	—	100	—	—
双（3-膦酸丙酸基）膦酸	—	—	—	—	50	—
丙烯酸与 2-丙烯酰氨基-2-甲基丙磺酸共聚物	100	80	—	—	80	—
丙烯酸与丙烯磺酸钠共聚物	—	60	—	—	—	—
丙烯酸、2-丙烯酰氨基-2-甲基丙磺酸、丙烯酸羟丙酯共聚物	—	—	120	—	—	—
丙烯酸、衣康酸、2-丙烯酰氨基-2-甲基丙磺酸共聚物	—	—	—	80	—	—
马来酸酐与磺化苯乙烯共聚物	—	—	—	—	60	—
丙烯酸、2-丙烯酰氨基-2-甲基丙磺酸、丙烯酸甲酯共聚物	—	—	—	—	—	100

原料	配比(质量份)					
	1#	2#	3#	4#	5#	6#
$ZnSO_4 \cdot 7H_2O$	85	90	—	100	—	—
氯化锌	—	—	80	—	100	80
苯并三氮唑	7	10	—	—	—	—
甲基苯并噻唑	—	—	—	3	10	—
巯基苯并噻唑	—	—	—	2	—	5
甲基苯并噻唑的钠盐	—	—	—	10	—	—
2-氯-2-溴-2-硝基乙醇	10	15	—	—	—	10
2-溴-2-硝基丙二醇	10	—	—	—	—	—
2,2-二溴-2-硝基乙醇	—	—	10	—	—	—
4-溴-4-硝基-3-己醇	—	—	—	—	10	—
2-溴-2-硝基-1,3-丁二醇	—	—	—	—	18	—

制备方法 将各组分混合均匀即可。

产品应用 本品用于火电厂(热电厂)循环冷却水中,对其进行水质处理,防止冷却系统腐蚀、结垢、菌藻繁殖。

产品特性 本品具有高效的缓蚀、阻垢、分散、控制微生物的性能,一剂多能;低磷、低锌,避免锌沉积问题;适用于多种水质,不需调 pH,便于操作;完全溶解,可以无限稀释;安全、无毒、无环境污染。

配方 35　水质稳定剂

原料配比

原料	配比(质量份)					
	1#	2#	3#	4#	5#	6#
膦羧酸类	100	100	100	100	100	100
磺酸盐-羧酸类共聚物	100	140	120	80	140	100
锌盐	85	90	80	100	100	80
铜缓蚀剂	7	10	5	10	10	5
有机溴杀菌剂	20	15	10	10	18	10

制备方法 将各组分混合均匀即可。

原料介绍 膦羧酸类可以是 2-膦酸基-1,2,4-三羧酸丁烷、1,3,3-三膦酸基戊酸、双(3-膦酸丙酸基)膦酸、4,4-二膦酸基-1,7-庚二酸中的一种或多种。

磺酸盐-羧酸类共聚物可以是 2-丙烯酰氨基-2-甲基丙磺酸、磺化苯乙烯、丙烯磺酸钠、2-羧基-3-烯丙氧基-1-丙烷磺酸盐、丙烯酸、马来酸酐、衣康酸、丙烯酸酯、丙烯酸羟乙酯、丙烯酸羟丙酯的一种或多种共聚物。

锌盐可以是氯化锌、一水硫酸锌、七水硫酸锌中的一种或多种。

铜缓蚀剂可以是苯并三氮唑、巯基苯并噻唑、甲基苯并噻唑或是它们的钠盐中的一种或多种。

有机溴杀菌剂可以是 2-氯-2-溴-2-硝基乙醇、2-溴-2-硝基丙醇、2-溴-2-硝基丙二醇、2-溴-2-硝基-1,3-丁二醇、3-溴-3-硝基-2,4-戊二醇、2,2-二溴-2-硝基乙醇、4-溴-4-硝基-3-己醇中的一种或多种。

产品应用 本品可用于火电厂(热电厂)循环冷却水中,对其进行水质处理,防止冷却系统腐蚀、结垢、菌藻繁殖等。

产品特性 本品性能优异，同时具有高效的缓蚀、阻垢、分散、控制微生物的性能；低磷、低锌，避免了菌藻难以控制及锌沉积问题；应用范围广，可用于多种水质，使用方便，不需调 pH，溶解性好，可以无限稀释；安全、无毒、不污染环境。

配方 36　钨系水处理剂

原料配比

<table>
<tr><th colspan="2" rowspan="2">原料</th><th colspan="3">配比（质量份）</th></tr>
<tr><th>1#</th><th>2#</th><th>3#</th></tr>
<tr><td rowspan="5">预膜处理配方</td><td>钨酸钠</td><td>100</td><td>150</td><td>150</td></tr>
<tr><td>葡萄糖酸钠</td><td>50</td><td>150</td><td>200</td></tr>
<tr><td>羧酸酰胺</td><td>50</td><td>—</td><td>—</td></tr>
<tr><td>聚丙烯酸钠</td><td>—</td><td>4</td><td>4</td></tr>
<tr><td>锌盐</td><td>4</td><td>4</td><td>4</td></tr>
<tr><td rowspan="5">正常处理配方</td><td>钨酸钠</td><td>5</td><td>30</td><td>20</td></tr>
<tr><td>葡萄糖酸钠</td><td>10</td><td>60</td><td>30</td></tr>
<tr><td>羧酸酰胺</td><td>2</td><td>—</td><td>—</td></tr>
<tr><td>聚丙烯酸钠</td><td>4</td><td>4</td><td>4</td></tr>
<tr><td>锌盐</td><td>2</td><td>2</td><td>3</td></tr>
</table>

制备方法 将各组分混合均匀即可。

原料介绍 原料中钨酸钠属于阳极型水处理剂，锌盐为阴极型水处理剂，共同使用时有协同作用，大大降低了钨酸盐缓蚀剂的用量，提高了缓蚀率。加入葡萄糖酸钠、聚丙烯酸钠等有机阻垢剂和高分子阻垢剂，可提高阻垢性能和缓蚀性能。

产品应用 本品适用于工业循环水，适用 pH＝7.0～8.5，即在中性或偏碱性的范围内使用，使用时，可以不加酸或少加酸。

产品特性 本品性能优良，效果显著，具有高效的缓蚀功能和阻垢功能，缓蚀率和阻垢率均大于 90%，而且低毒、无公害，既能充分利用钨矿资源，又降低了药剂费用和水处理的操作运行费用，克服了现有同类产品性能单一、有毒性、有"赤潮"公害等缺点。

配方 37　无磷复合水处理剂

原料配比

<table>
<tr><th rowspan="2">原料</th><th colspan="6">配比（质量份）</th></tr>
<tr><th>1#</th><th>2#</th><th>3#</th><th>4#</th><th>5#</th><th>6#</th></tr>
<tr><td>聚天冬氨酸</td><td>0.2</td><td>0.3</td><td>0.1</td><td>0.3</td><td>0.1</td><td>0.35</td></tr>
<tr><td>聚丙烯酸</td><td>0.12</td><td>0.2</td><td>0.5</td><td>0.2</td><td>0.3</td><td>0.5</td></tr>
<tr><td>丙烯酸-丙烯酸酯-磺酸盐三元共聚物</td><td>0.12</td><td>0.15</td><td>0.5</td><td>0.7</td><td>0.3</td><td>0.05</td></tr>
<tr><td>钼酸钠</td><td>0.08</td><td>—</td><td>0.8</td><td>0.1</td><td>0.05</td><td>0.25</td></tr>
<tr><td>硫酸锌</td><td>0.049</td><td>—</td><td>0.1</td><td>—</td><td>—</td><td>—</td></tr>
<tr><td>铝酸铵</td><td>—</td><td>0.07</td><td>—</td><td>—</td><td>—</td><td>—</td></tr>
<tr><td>氯化锌</td><td>—</td><td>0.06</td><td>—</td><td>—</td><td>—</td><td>—</td></tr>
<tr><td>二氯异氰尿酸</td><td>0.4</td><td>—</td><td>—</td><td>7</td><td>0.5</td><td>5</td></tr>
<tr><td>二氧化氯</td><td>—</td><td>0.4</td><td>—</td><td>—</td><td>—</td><td>—</td></tr>
<tr><td>异噻唑啉酮</td><td>—</td><td>—</td><td>0.400</td><td>—</td><td>—</td><td>—</td></tr>
<tr><td>水</td><td>1000</td><td>1000</td><td>1000</td><td>1000</td><td>1000</td><td>1000</td></tr>
</table>

制备方法 将各种物料按比例置于水中，搅拌混合均匀即可。该水处理剂的 pH 值优选在 4～6 之间。

产品应用 本品主要应用于工业循环冷却水系统和锅炉水系统的水质处理。

使用方法：在工业循环冷却水系统或锅炉水系统中直接加入本品，添加量为 2～100mg/L。

本品以无毒、无刺激性的聚天冬氨酸为主要阻垢分散成分，以不产生公害的钼酸盐为缓蚀剂，再加入其他辅助组分，形成一种具有缓蚀和阻垢作用的多功能复合水处理药剂。

产品特性

(1) 不含磷，不易产生富营养化，可防止在周期水域产生"赤潮"公害。

(2) 具有优良的缓蚀和阻垢效能，以一般工厂的工业用水为补充水，当浓缩倍数为 2～6 倍时，碳钢的年腐蚀率可达 0.02mm/a 以下，水中碳酸钙的阻垢率可达 90% 以上。

(3) 原料方便易得，生产成本较低。

配方 38　无磷环保型聚醚多功能水处理剂

原料配比

原料	配比(质量份)									
	1#	2#	3#	4#	5#	6#	7#	8#	9#	10#
聚乙二醇二烯丙基醚	100	100	150	160	50	—	120	160	100	180
聚乙二醇二乙烯基醚	—	—	—	—	—	100	—	—	100	—
丙烯酸	—	180	—	—	—	—	70	—	—	—
富马酸	—	—	—	—	80	—	—	—	300	—
衣康酸	15	—	—	—	—	50	—	—	—	—
马来酸	—	—	—	—	—	430	—	—	—	120
甲基丙烯酸	—	—	—	—	—	—	—	70	170	—
丙烯酸羟丙酯	—	—	120	—	—	—	—	—	—	120
丙烯酸羟乙酯	—	—	—	—	—	—	—	80	200	—
甲基丙烯酸羟乙酯	—	—	—	160	—	—	60	—	—	—
富马酸二羟丙酯	—	—	—	—	—	—	—	—	—	200
过硫酸钠	1	3	16	6.5	5.5	20	—	—	—	12
过硫酸钾	1	—	—	—	—	—	—	—	—	—
偏重亚硫酸钾	1	—	—	—	—	—	—	25	99	—
过磺酸钾	—	—	—	3.5	—	23	—	—	—	—
水	160	320	850	1600	900	2110	2380	1660	3800	3920

制备方法 在 N₂ 气氛下，以聚乙二醇二烯烃基醚的质量为基准，将聚乙二醇二烯烃基醚加入反应釜中，将温度调至 60～95℃后，加入 0.1～5 倍的含乙烯基不饱和双键的单体，0.01～0.5 倍的无机引发剂，1.5～22 倍的水，继续在 60～95℃下反应 0.5～10h，冷至室温，制得 5%～80% 无磷环保型聚醚多功能水处理剂。

原料介绍 所述的聚乙二醇二烯烃基醚为聚乙二醇二烯丙基醚和聚乙二醇二乙烯基醚中的一种或两者的组合；所述的含乙烯基不饱和双键的单体为丙烯酸、甲基丙烯酸、马来酸酐、马来酸、衣康酸、富马酸、丙烯酸羟甲酯、甲基丙烯酸羟甲酯、丙烯酸羟乙酯、甲基丙烯酸羟乙酯、丙烯酸羟丙酯、甲基丙烯酸羟丙酯、丙烯酸羟丁酯、丙烯酸羟己酯、马来酸单甲酯、马来酸单乙酯、马来酸单异丙酯、马来酸异丁酯、马来酸单叔丁酯、马来酸单烯丙酯、富马酸单甲酯、富马酸单乙酯、富马酸单丙酯、富马酸二羟丙酯或富马酸单丁酯中的一种或多种的组合。

所述的无机引发剂为过硫酸钠、过硫酸钾、偏重亚硫酸钠、偏重亚硫酸钾、过磺酸钠、过磺酸钾或过氧化氢中的一种或者多种的组合。

产品应用 本品主要应用于工业循环冷却水系统，用于水质的缓蚀、阻垢、分散处理。

产品特性

(1) 该聚醚多功能水处理剂不含磷、氮等富营养元素，具有良好的生物降解性能，是一种新型的绿色水处理剂。其制备工艺绿色、环境友好，合成过程采用环保、价廉的水作为反应溶剂，反应过程采用"一锅煮"方式，无须分离，操作简单方便，生产成本较低。

(2) 该聚醚多功能水处理剂结构中含有亲水性强的聚醚基团，以及含有大量能与钙离子螯合的羧酸根离子，对工业循环冷却水系统中磷酸钙、碳酸钙、硫酸钙垢有高效的抑制作用，尤其适合在高钙冷却水水质中应用；并且对氧化铁具有特别好的分散作用，除此之外还具有良好的缓蚀性能。

(3) 该聚醚多功能水处理剂的配伍性好，可与有机膦酸盐、锌盐缓蚀剂等水处理剂复配使用，也可单独使用。

配方 39　无磷聚醚多功能水处理剂

原料配比

原料	配比（质量份）											
	1#	2#	3#	4#	5#	6#	7#	8#	9#	10#	11#	12#
烯丙基聚乙二醇单醚	100	—	110	—	150	—	120	120	50	100	—	240
乙烯基聚乙二醇单醚	—	100	—	180	—	100	—	—	50	—	160	—
丙烯酸	20	—	—	—	—	—	—	50	—	—	—	—
富马酸	—	—	—	—	100	—	—	—	—	—	—	—
衣康酸	—	60	—	—	—	—	—	50	—	60	—	—
马来酸	—	—	—	—	—	200	—	—	—	—	—	—
甲基丙烯酸	—	—	—	—	—	—	70	—	—	—	—	—
丙烯酸羟甲酯	—	—	—	—	—	—	—	—	50	80	—	—
丙烯酸羟丙酯	—	—	180	—	—	—	—	—	—	—	—	100
丙烯酸羟乙酯	—	—	—	—	—	—	80	—	—	—	—	—
甲基丙烯酸羟乙酯	—	—	100	—	—	—	—	60	—	—	80	—
富马酸单甲酯	—	—	—	—	—	—	—	—	—	—	80	—
富马酸二羟丙酯	—	—	—	—	—	—	—	—	—	—	—	100
水	150	250	360	280	80	400	500	480	350	40	320	400
过硫酸钠	5	3	50	5	16	20	—	—	18	3	—	5
过硫酸钾	—	3	—	—	—	—	—	—	—	3	—	—
偏重亚硫酸钾	—	—	—	—	—	—	33	—	—	5	—	—
过磺酸钾	—	—	—	5	—	—	—	10	—	—	—	5
17%过氧化氢水溶液	—	—	—	—	—	—	—	—	—	—	100	—

制备方法 在 N_2 气氛下，以聚醚单体质量为基准，将聚醚单体加入反应釜中，将温度调至 60～95℃后，加入 0.1～5 倍的含乙烯基不饱和双键的单体，0.1～5 倍

的水，混匀后滴加质量分数为5%～60%的无机引发剂水溶液，无机引发剂的加入量为0.01～0.5倍的聚醚单体质量，0.5～5h滴完，滴完后继续在60～95℃下反应0.5～10h，冷至室温，制得5%～80%无磷聚醚多功能水处理剂。

原料介绍 所述的聚醚单体为烯丙基聚乙二醇单醚和乙烯基聚乙二醇单醚的一种或两者的组合；所述的含乙烯基不饱和双键单体为丙烯酸、甲基丙烯酸、马来酸酐、马来酸、衣康酸、富马酸、丙烯酸羟甲酯、甲基丙烯酸羟甲酯、丙烯酸羟乙酯、甲基丙烯酸羟乙酯、丙烯酸羟丙酯、甲基丙烯酸羟丙酯、丙烯酸羟丁酯、丙烯酸羟己酯、马来酸单甲酯、马来酸单乙酯、马来酸单异丙酯、马来酸异丁酯、马来酸单叔丁酯、马来酸单烯丙酯、富马酸单甲酯、富马酸单乙酯、富马酸单丙酯、富马酸二羟丙酯或富马酸单丁酯中的一种或多种的组合。

所述的无机引发剂为过硫酸钠、过硫酸钾、偏重亚硫酸钠、偏重亚硫酸钾、过磺酸钠、过磺酸钾或过氧化氢中的一种或者多种的组合。

产品应用 本品主要应用于循环冷却水系统，尤其适用于高钙冷却水水质。

产品特性

（1）该聚醚水处理剂不含磷、氮等富营养元素，具有良好的生物降解性能，是一种新型的绿色水处理剂。其制备工艺绿色、环境友好，合成过程采用环保、价廉的水作为反应溶剂，反应过程采用"一锅煮"方式，无须分离，操作简单方便，生产成本较低。

（2）该聚醚水处理剂结构中含有亲水性强的聚醚基团，以及能与钙离子、铁离子和锌离子螯合的羧酸根离子，对工业循环冷却水系统中的磷酸钙、碳酸钙、硫酸钙、氢氧化铁和氢氧化锌等水垢有高效的抑制作用，除此之外还具有良好的缓蚀性能。

（3）该聚醚水处理剂的配伍性好，可与有机膦酸盐、锌盐缓蚀剂等水处理剂复配使用，也可单独使用。

配方 40 无磷水处理剂

原料配比

表1 无磷缓蚀阻垢剂

原料	配比（质量份）			
	1#	2#	3#	4#
木质素及单宁混合物	12	16	14.78	14
水	65	55	59.11	60
NaOH	0.7	0.8	0.74	0.75
H_2SO_4	1.3	2.2	1.97	2
三乙醇胺	12	16	14.78	14.25
顺酐	4	6	4.93	4
硼砂	5	4	3.69	5

表2 无磷水处理剂

原料	配比（质量份）				
	1#	2#	3#	4#	5#
无磷缓蚀阻垢剂	20	15	25	18	23
AMPS三元共聚物	10	8	12	9	9
氯化锌	8	6	10	7	7.5
水解聚马来酸酐	8	6	10	7	7.5
室温水	54	65	43	59	53

制备方法

(1) 无磷缓蚀阻垢剂的制备：将木质素、单宁干燥后称重；生产前用 1/6 的生产用水溶解顺酐；将 5/6 的水打入反应釜中，开动搅拌，缓慢导入 H_2SO_4 搅匀；倒入已计量的木质素、单宁混合物，控制温升，升温至 85~95℃，并保温 6~140h；6~10h 后加入 NaOH，控制温度不超过 90℃，并搅拌 25~35min；倒入硼砂，同时降温至 70℃；加入已溶有顺酐的溶液，搅拌 0.5~1.5h，并同时缓慢降温至 50℃；在 50℃ 时倒入三乙醇胺，溶解、搅拌，并同时降温至室温；最后将产品注入贮罐，熟化 48h，装桶，运输。

(2) 无磷水处理剂复配的方法：①将室温水打入反应釜中；②加入定量的 AMPS 三元共聚物，搅拌，开启反应釜且不关闭；③加入定量的氯化锌，搅拌 5~15min，控制反应温度不要超过 32℃；④加入定量的水解聚马来酸酐，搅拌；⑤最后倒入定量的原液，搅拌 10~20min，静置 5~15min，从反应釜下阀口放少许物料检查固体溶解状况，如有少许没溶解固体，可继续搅拌直到完全溶完，包装。

原料介绍　H_2SO_4 浓度为 90%。木质素及单宁混合物各占 50%，或木质素占 30%、单宁混合物占 70%，或木质素占 70%、单宁混合物占 30%。

所述室温水是指温度控制在 20~30℃ 左右的水。

AMPS 三元聚合物是由丙烯酸与 2-丙烯酰胺-2-甲基丙磺酸共聚而成，由于分子结构中含有阻垢分散性能的羧酸基和强极性的磺酸基，能提高钙容忍度，对水中的磷酸钙、碳酸钙、锌垢等有显著的阻垢作用，并且分散性能优良；AMPS 与有机膦复配，增效作用明显；AMPS 特别适合高 pH 值、高碱度、高硬度的水质，是实现高浓缩倍数运行的最理想的阻垢分散剂之一。

水解聚马来酸酐是有机脂肪酸聚合物，分子量为 400~800，易溶于水，化学稳定性及热稳定性高，属低分子量的聚电解质，无毒，适用于碱性水质或同其他药物复配使用，在高温 350℃ 和 pH=8.3 条件下也有明显的溶限效应，在 300℃ 以下有优良的阻垢效果，对碳酸盐和磷酸盐有良好的阻垢效果，阻垢时间可达 100h，可与原油脱水破乳剂混合使用。

产品应用　本品主要应用于用于油田（油田注水、油田炼油厂、油田电厂）、石化企业、发电厂、钢铁厂、化纤厂、炼油厂、化肥厂（合成氨厂）、大型化工厂、制药厂（农药厂）、核电厂、煤化工厂等的工业循环水处理。

产品特性　本品与常用的有机膦酸盐、丙烯酸聚合物、锌盐及铜缓蚀剂等均有良好的复配性能，并且利用其协同效应可以大幅度降低无磷主药剂使用量。

配方 41　无磷环保水处理剂

原料配比

原料		配比（质量份）							
		1#	2#	3#	4#	5#	6#	7#	8#
A 组分	腐植酸钠与磺酸盐共混物	50	—	60	40	60	—	40	60
	腐植酸钠	—	40	—	—	—	40	—	—
	单宁酸	30	25	20	30	30	30	25	20
	阳离子聚丙烯酰胺	15	—	—	25	—	25	—	—
	阴离子聚丙烯酰胺	—	25	—	—	5	—	25	—

原料		配比(质量份)							
		1#	2#	3#	4#	5#	6#	7#	8#
A 组分	非离子聚丙烯酰胺	—	—	10	—	—	—	—	10
	壬基酚聚氧乙烯(9)醚(TX-9)	5	—	10	—	—	—	—	10
	辛基酚聚氧乙烯(10)醚(TX-10)	—	10	—	—	—	—	—	—
	十二烷基硫酸钠	—	—	—	5	—	—	—	—
	十二烷基磺酸钠	—	—	—	—	5	—	—	—
	癸烷苯磺酸钠	—	—	—	—	—	5	—	—
	十二烷基苯磺酸钙	—	—	—	—	—	—	10	—
B 组分	AA/AMPS	80	70	80	75	75	75	70	80
	缓蚀剂	20	30	20	25	25	25	30	20

制备方法　将各组分混合均匀即可。

原料介绍　和腐植酸钠共混的磺酸盐可以是 2-丙烯酰氨基-2-甲基丙磺酸、2-羧基-3-烯丙氧基-1-丙烷磺酸盐或丙烯磺酸钠与丙烯酸的共聚物。腐植酸钠与磺酸盐共混物中腐植酸钠质量分数为 70%～90%。

酰胺类絮凝剂可以是阳离子聚丙烯酰胺、阴离子聚丙烯酰胺或者非离子聚丙烯酰胺。

表面活性剂为烷基酚与环氧乙烷缩合物、苯磺酸盐和十二烷基硫酸钠中的任一种物质。烷基酚与环氧乙烷缩合物可以是壬基酚聚氧乙烯(10)醚(TX-10)、壬基酚聚氧乙烯(9)醚(TX-9)、辛基酚聚氧乙烯醚。苯磺酸盐可以是十二烷基苯磺酸钠、十二烷基苯磺酸钙、癸烷苯磺酸钠等。

缓蚀剂可以是甲基苯并三氮唑(TTA)、苯并三氮唑(BTA)、锌盐中的任一种或一种以上的混合物。锌盐可以是碳酸锌、硫酸锌或氯化锌等。

A 组分为固体分散剂;B 组分为液体缓蚀剂。

所用磺酸盐具体如下:1#、8# 为 2-丙烯酰氨基-2-甲基丙磺酸与丙烯酸钠的共聚物;3#、5#、7# 为丙烯磺酸钠与丙烯酸的共聚物;4# 为 2-羧基-3-烯丙氧基-1-丙烷磺酸盐和丙烯酸的共聚物。

所用缓蚀剂具体如下:1# 由 TTA 和 BTA 以 1:1 (质量比,下同)组成;2# 为 TTA;3# 由 TTA、BTA 和硫酸锌以 3:1:1 组成;4# 为 BTA;5# 为 TTA 和氯化锌以 1:5 组成;6# 为碳酸锌;7# 为 TTA、BTA 和氯化锌以 1:1:1 组成;8# 为硫酸锌。

产品应用　本品可广泛应用于电力、化工、冶金等各种水质的工业循环冷却水系统。

本品的使用方法是在 40～80℃ 的冷却水中加入固体分散剂和液体缓蚀剂,加入量为固体分散剂 0.001%～0.01%,液体缓蚀剂 0.0005%～0.005%。

产品特性

(1) 采用无磷有机复合配方,无毒害,循环冷却水排放后不会对自然环境造成污染。

(2) 提高了循环冷却水的重复利用率,提高了节水率,循环冷却水系统的浓缩倍数由 2～3 倍提高到 5～6 倍,节水率比使用有机磷水处理剂提高了 40%。

(3) 阻垢缓蚀效果明显,对于敞开冷却水系统的污垢热阻值达到(1.72～3.14)

$\times10^{-4}\,m^2\cdot K/W$，缓蚀率为：Q235≤0.125mm/a，Cu≤0.005mm/a。

配方 42　复合水处理剂

原料配比

原料	配比(质量份)	原料	配比(质量份)
多元醇磷酸酯	38.4	木质素磺酸钠	13.6
无机磷酸盐	12	十四烷基二甲基苄基氯化铵或氯锭	适量
丙烯酸-丙烯酸酯-顺丁烯二酸酐共聚物或丙烯酸-丙烯酸羟丙酯共聚物	36	锌盐	适量
		水	适量

制备方法　在常温常压下将多元醇磷酸酯、无机磷酸盐、丙烯酸-丙烯酸酯-顺丁烯二酸酐共聚物或丙烯酸-丙烯酸羟丙酯共聚物、木质素磺酸钠按配比分别加到反应釜中，开动搅拌器，边投料边搅拌，投料完毕后补足按计算需投入的软水或自来水，继续搅拌 20～30min，搅拌停止后开启复合液出口，将制好的复合液装入成品罐中并加以密封。当实际使用时，把适量工业纯的杀菌灭藻剂十四烷基二甲基苄基氯化铵或氯锭和适量锌盐加入到已经制备的复合液中稍加搅拌，得复合水处理剂。

原料介绍　本品配方中的多元醇磷酸酯的结构式为 $RO-\overset{\overset{\displaystyle O}{\|}}{\underset{\underset{\displaystyle OH}{\|}}{P}}-OH + RO-\overset{\overset{\displaystyle O}{\|}}{\underset{\underset{\displaystyle OH}{\|}}{P}}-OR$，它是以含有磷酸单酯、磷酸双酯等有机磷酸酯为主兼有少量无机磷酸盐的一种混合型有机缓蚀阻垢剂，缓蚀效果好，对生物黏泥、氧化铁垢、锌盐、铜盐等有分散和稳定在水中的能力，它含有机磷酸酯（PO_4^{3-} 计）（32 ± 1）%，无机磷酸盐（PO_4^{3-} 计）（10 ± 1）%，其质量指标为（42 ± 1）%。丙烯酸-丙烯酸酯-顺丁烯二酸酐共聚物或丙烯酸-丙烯酸羟丙酯共聚物是良好的阻垢分散剂，对阻磷酸钙垢、氧化铁垢、锌盐沉积有特效，其质量指标为（30 ± 1）%。木质素磺酸钠是一种水溶性的多功能高分子电解质，具有分散生物黏泥、氧化铁垢、磷酸钙垢的能力，又能与锌离子、钙离子等形成稳定的配合物，其质量指标为（42 ± 2）%。十四烷基二甲基苄基氯化铵是一种高效低毒广谱的杀菌灭藻剂，同时也对生物黏泥具有分散阻垢作用。氯锭是一种固体杀菌灭藻剂，氯锭加入循环水系统后遇水分解出次氯酸和氢氧化钙，次氯酸是杀菌灭藻的主要成分。锌盐在偏酸性水质下使用会显著地提高聚磷酸盐的缓蚀效果，可以适度地减少聚磷酸盐的用量及减少运行费用，其质量指标为（95 ± 3）%。

产品应用　本品主要应用于任何材质的换热设备的循环冷却水处理，也适用于中央空调冷却、冷冻水的运行处理。

使用方法：把刚调配好的本复合水处理剂调控为预定浓度，随即投入循环冷却水系统中，根据不同的使用情况调控 pH 值和浊度。

为防止换热器管道锈瘤和点蚀的产生，一般而言管道需在复合水处理剂中进行清洗预膜、加强预膜、正常运行药剂三个程序。

(1) 在循环冷却水系统作清洗预膜剂用：按上述使用方法，将刚调配好的复合水处理剂浓度调控为 150～450mg/L，投入到循环冷却水系统，pH 值调控在 4.5～6，运行 48h 后边排污边补水至浊度<10mg/L 为止。经检验清洗干净，预膜达 95% 以上。

(2) 在循环冷却水系统作加强预膜剂用：将刚调配好的复合水处理剂浓度调控

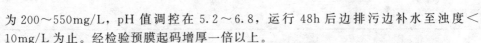

为 200～550mg/L，pH 值调控在 5.2～6.8，运行 48h 后边排污边补水至浊度＜10mg/L 为止。经检验预膜起码增厚一倍以上。

（3）在循环冷却水系统作正常运行药剂用：将刚调配好的复合水处理剂浓度调控为 10～50mg/L，pH 值调控在 6.8～8.6，运行后经检验没有产生锈瘤和点蚀。

产品特性

（1）解决了水处理使用聚磷酸盐配方后出现难于解决的磷酸盐垢沉积、生物黏泥沉积、氧化铁垢沉积和锌盐沉积问题，消除了锈瘤和点蚀得以产生的前提条件，保护了碳钢换热器免受坑蚀和点蚀危害，从而延长冷换设备 30％～50％ 的使用寿命。

（2）提高了冷换设备的传热效率，降低动力设备的负荷，节电率比聚磷酸盐配方提高 30％，节水率比直流水提高 90％。

（3）适用于任何材质的换热设备的循环冷却水处理，也适用于中央空调冷却、冷冻水的运行处理。

配方 43　循环冷却水处理剂

原料配比

原料	配比（质量份）		原料	配比（质量份）	
	1#	2#		1#	2#
六偏磷酸钠	7	9	马来酸酐	8	9
聚丙烯酸钠	17	130	水	70	52
乙醇	6	7			

制备方法　将各组分混合均匀即可。
产品应用　本品主要应用于循环冷却水处理。
产品特性　本品配方合理，使用效果好，生产成本低。

配方 44　荧光标识无磷环保型聚醚多功能水处理剂

原料配比

原料	配比（质量份）										
	1#	2#	3#	4#	5#	6#	7#	8#	9#	10#	11#
聚乙二醇二烯丙基醚	100	—	150	160	50	—	120	160	100	—	—
聚乙二醇二乙烯基醚	—	100	—	—	—	100	—	—	100	180	165
衣康酸	25	—	—	—	—	—	50	—	—	—	185
丙烯酸	—	188	—	—	—	—	70	—	—	—	—
富马酸	—	—	—	—	80	—	—	—	300	—	—
马来酸	—	—	—	—	—	435	—	—	—	120	120
甲基丙烯酸	—	—	—	—	—	—	—	70	170	—	—
丙烯酸羟丙酯	—	—	120	80	—	—	—	—	—	120	120
富马酸二羟丙酯	—	—	—	—	—	—	—	—	—	200	150
甲基丙烯酸羟乙酯	—	—	—	80	—	—	60	—	—	—	—
丙烯酸羟乙酯	—	—	—	—	—	—	—	80	200	—	—
8-烯丙氧基-1,3,6-芘三磺酸钠	0.2	8.5	73	3.1	—	22	2.5	0.08	33	11.5	

续表

原料	配比(质量份)										
	1#	2#	3#	4#	5#	6#	7#	8#	9#	10#	11#
8-(4-乙烯基苄氧基)-1,3,6-芘三磺酸钠	—	—	—	—	0.6	23	3.5	0.15	66	7.5	6.5
过硫酸钾	0.5	—	—	—	—	—	—	—	—	—	—
过硫酸钠	0.5	3	16	6.7	5.2	30	—	—	—	12	12.5
偏重亚磺酸钾	0.5	—	—	—	—	—	—	25	98	—	—
过磺酸钾	—	—	—	3.3	—	—	13.6	—	—	—	—
水	220	335	875	2638	990	2110	2380	1660	4200	3955	3335

制备方法 在 N_2 气氛下,以聚乙二醇二烯烃基醚的质量为基准,将聚乙二醇二烯烃基醚加入反应釜中,将温度调至 60~95℃后,加入 0.1~5 倍的含乙烯基不饱和双键的单体,0.001~0.5 倍的含不饱和双键的荧光单体,0.01~0.5 倍的无机引发剂,2~22 倍的水,完成后继续在 60~95℃下反应 0.5~10h,冷至室温,制得 5%~80%荧光标识无磷环保型聚醚多功能水处理剂。

原料介绍 所述的聚乙二醇二烯烃基醚为聚乙二醇二烯丙基醚和聚乙二醇二乙烯基醚中的一种或两者的组合。

所述的含乙烯基不饱和双键的单体为丙烯酸、甲基丙烯酸、马来酸酐、马来酸、衣康酸、富马酸、丙烯酸羟甲酯、甲基丙烯酸羟甲酯、丙烯酸羟乙酯、甲基丙烯酸羟乙酯、丙烯酸羟丙酯、甲基丙烯酸羟丙酯、丙烯酸羟丁酯、丙烯酸羟己酯、马来酸单甲酯、马来酸单乙酯、马来酸单异丙酯、马来酸异丁酯、马来酸单叔丁酯、马来酸单烯丙酯、富马酸单甲酯、富马酸单乙酯、富马酸单丙酯、富马酸二羟丙酯或富马酸单丁酯的一种或多种的组合。

所述的含不饱和双键的荧光单体为 8-烯丙氧基-1,3,6-芘三磺酸钠和 8-(4-乙烯基苄氧基)-1,3,6-芘三磺酸钠中的一种或者两种的组合。

所述的无机引发剂为过硫酸钠、过硫酸钾、偏重亚硫酸钠、偏重亚硫酸钾、过磺酸钠、过磺酸钾或过氧化氢中的一种或者多种的组合。

产品应用 本品主要应用于工业循环冷却水系统,用于水质的缓蚀、阻垢、分散处理。

产品特性

(1)该聚醚多功能水处理剂不含磷、氮等富营养元素,具有良好的生物降解性能,是一种新型的绿色水处理剂。其制备工艺绿色、环境友好,合成过程采用环保、价廉的水作为反应溶剂,反应过程采用"一锅煮"方式,无须分离,操作简单方便,生产成本较低。

(2)该聚醚多功能水处理剂结构中含有亲水性强的聚醚基团,以及含有大量能与钙离子螯合的羧酸根离子,对工业循环冷却水系统中磷酸钙、碳酸钙、硫酸钙垢有高效的抑制作用,尤其适合在高钙冷却水水质中应用;并且对氧化铁有特别好的分散作用,除此之外还具有良好的缓蚀性能。

(3)该聚醚多功能水处理剂的配伍性好,可与有机磷酸盐、锌盐缓蚀剂等水处理剂复配使用,也可单独使用。

(4)该聚醚多功能水处理剂由于结构中含有荧光基团,可以准确检测水处理剂的浓度,从而实现在线检测和自动给药。

配方 45　荧光标识无磷环保型聚醚水处理剂

原料配比

原料	配比(质量份)									
	1#	2#	3#	4#	5#	6#	7#	8#	9#	10#
烯丙基聚乙二醇单醚	100	100	150	160	50	100	120	160	200	180
马来酸酐	150	25	330	60	20	50	20	80	180	200
丙烯酸	—	80	—	—	—	—	50	—	—	—
富马酸	—	—	—	—	80	—	—	—	60	—
衣康酸	60	—	—	—	—	—	50	—	—	—
马来酸	—	—	—	—	—	—	200	—	—	120
甲基丙烯酸	—	—	—	—	—	—	—	70	60	—
丙烯酸羟丙酯	—	—	120	—	—	—	—	—	—	120
丙烯酸羟乙酯	—	—	—	—	—	—	—	80	60	—
甲基丙烯酸羟乙酯	—	—	—	150	—	—	60	—	—	—
富马酸二羟丙酯	—	—	—	—	—	—	—	—	—	100
8-烯丙氧基-1,3,6-芘三磺酸钠	10	2	10	50	15	25	5	30	60	10
过硫酸钠	5	12	10	5	14	20	—	—	—	12
过硫酸钾	5	—	—	—	—	—	—	—	—	—
偏重亚硫酸钾	5	—	—	—	—	—	—	25	30	—
过磺酸钾	—	—	—	5	—	—	20	—	—	—
水	350	425	580	100	800	2000	1680	1500	2500	1650

制备方法　在 N_2 气氛下，以烯丙基聚乙二醇单醚的质量为基准，将烯丙基聚乙二醇单醚和 0.1～5 倍的马来酸酐加入反应釜中，在 50～150℃下反应 0.5～10h，得聚醚羧酸反应单体；将温度调至 60～95℃后，加入 0.1～5 倍的含乙烯基不饱和双键的单体，0.001～0.5 倍的 8-烯丙氧基-1,3,6-芘三磺酸钠荧光单体，0.01～0.5 倍的无机引发剂，3～25 倍的水，混匀后继续在 60～95℃下反应 0.5～10h，冷至室温，制得荧光标识无磷环保型聚醚多功能水处理剂。

原料介绍　所述的含乙烯基不饱和双键单体为丙烯酸、甲基丙烯酸、马来酸酐、马来酸、衣康酸、富马酸、丙烯酸羟甲酯、甲基丙烯酸羟甲酯、丙烯酸羟乙酯、甲基丙烯酸羟乙酯、丙烯酸羟丙酯、甲基丙烯酸羟丙酯、丙烯酸羟丁酯、丙烯酸羟己酯、马来酸单甲酯、马来酸单乙酯、马来酸单异丙酯、马来酸异丁酯、马来酸单叔丁酯、马来酸单烯丙酯、富马酸单甲酯、富马酸单乙酯、富马酸单丙酯、富马酸二羟丙酯或富马酸单丁酯的一种或多种的组合。

所述的无机引发剂为过硫酸钠、过硫酸钾、偏重亚硫酸钠、偏重亚硫酸钾、过磺酸钠、过磺酸钾或过氧化氢中的一种或者多种的组合。

产品应用　本品主要应用于循环冷却水系统，尤其适用于高钙冷却水水质。

产品特性

(1) 该环保型聚醚水处理剂不含磷、氮等富营养元素，具有良好的生物降解性能，是一种新型的绿色水处理剂。其制备工艺绿色、环境友好，合成过程采用环保、价廉的水作为反应溶剂，反应过程采用"一锅煮"方式，无须分离，操作简单方便，生产成本较低。

(2) 该环保型聚醚水处理剂结构中含有亲水性强的聚醚基团，以及含有大量能与钙离子螯合的羧酸根离子，对工业循环冷却水系统中磷酸钙、碳酸钙、硫酸钙垢有高效的抑制作用，尤其适合在高钙冷却水水质中应用；并且对氧化铁具有特别好的分散作用，除此之外还具有良好的缓蚀性能。

（3）该环保型聚醚水处理剂的配伍性好，可与有机磷酸盐、锌盐缓蚀剂等水处理剂复配使用，也可单独使用。

（4）该环保型聚醚水处理剂由于含有荧光基团，可以准确检测水处理剂的浓度，实现在线检测和自动给药。

配方 46　荧光示踪绿色环保型聚乙二醇类水处理剂

原料配比

原料	配比（质量份）									
	1#	2#	3#	4#	5#	6#	7#	8#	9#	10#
聚乙二醇	100	100	150	160	50	100	120	160	200	180
马来酸酐	120	50	360	80	20	50	20	65	180	200
衣康酸	50	—	—	—	—	—	60	—	—	—
丙烯酸	—	—	80	—	—	—	50	—	—	—
富马酸	—	—	—	—	80	—	—	—	70	—
马来酸	—	—	—	—	—	200	—	—	—	120
甲基丙烯酸	—	—	—	—	—	—	—	70	70	—
丙烯酸羟丙酯	—	—	120	—	—	—	—	—	—	120
富马酸二羟丙酯	—	—	—	—	—	—	—	—	—	100
甲基丙烯酸羟乙酯	—	—	—	150	—	—	60	—	—	—
丙烯酸羟乙酯	—	—	—	—	—	—	—	—	80	70
8-烯丙氧基-1,3,6-芘三磺酸钠	0.2	5	50	—	—	20	3	6	30	30
8-(4-乙烯基苄氧基)-1,3,6-芘三磺酸钠	—	—	—	3.2	20	30	3	12	60	15
过硫酸钾	1	—	—	—	—	—	—	—	—	—
过硫酸钠	3	19	19	3	7	20	—	—	—	22
偏重亚硫酸钾	5	—	—	—	—	—	—	25	30	—
过磺酸钾	—	—	—	3	—	—	20	—	—	—
水	320	800	600	800	350	2200	1785	1660	3800	3920

制备方法　在 N_2 气氛下，以聚乙二醇质量为基准，将聚乙二醇和 0.1～5 倍的马来酸酐加入反应釜中，在 50～150℃下反应 0.5～10h，得聚乙二醇羧酸反应单体；将温度调至 60～95℃后，加入 0.1～5 倍的含乙烯基不饱和双键的单体，0.001～0.5 倍的含不饱和双键的荧光单体，0.01～0.5 倍的无机引发剂，3～25 倍的水，完成后继续在 60～95℃下反应 0.5～10h，冷至室温，制得荧光示踪绿色环保型聚乙二醇类水处理剂。

原料介绍　所述的含乙烯基不饱和双键的单体为丙烯酸、甲基丙烯酸、马来酸酐、马来酸、衣康酸、富马酸、丙烯酸羟甲酯、甲基丙烯酸羟甲酯、丙烯酸羟乙酯、甲基丙烯酸羟乙酯、丙烯酸羟丙酯、甲基丙烯酸羟丙酯、丙烯酸羟丁酯、丙烯酸羟己酯、马来酸单甲酯、马来酸单乙酯、马来酸单异丙酯、马来酸异丁酯、马来酸单叔丁酯、马来酸单烯丙酯、富马酸单甲酯、富马酸单乙酯、富马酸单丙酯、富马酸二羟丙酯或富马酸单丁酯的一种或多种的组合。

　　所述的含不饱和双键的荧光单体为8-烯丙氧基-1，3，6-芘三磺酸钠和8-（4-乙烯基苄氧基）-1，3，6-芘三磺酸钠中的一种或者两种的组合。

　　所述的无机引发剂为过硫酸钠、过硫酸钾、偏重亚硫酸钠、偏重亚硫酸钾、过磺酸钠、过磺酸钾或过氧化氢中的一种或者多种的组合。

　　产品应用　本品主要应用于工业循环冷却水系统，用于水质的缓蚀、阻垢、分散处理。

　　产品特性

　　（1）该聚乙二醇类水处理剂不含磷、氮等富营养元素，具有良好的生物降解性能，是一种新型的绿色水处理剂。其制备工艺绿色、环境友好，合成过程采用环保、价廉的水作为反应溶剂，反应过程采用"一锅煮"方式，无须分离，操作简单方便，生产成本较低。

　　（2）该聚乙二醇类水处理剂结构中含有大量能与钙离子螯合的羧酸根离子，对工业循环冷却水系统中磷酸钙、碳酸钙、硫酸钙垢有高效的抑制作用，尤其适合在高钙冷却水水质中应用；并且对氧化铁具有特别好的分散作用，除此之外还具有良好的缓蚀性能。

　　（3）该聚乙二醇类水处理剂的配伍性好，可与有机磷酸盐、锌盐缓蚀剂等水处理剂复配使用，也可单独使用。

　　（4）该聚乙二醇类水处理剂由于结构中含有荧光基团，可以准确检测水处理剂的浓度，从而实现在线检测和自动给药。

配方 47　荧光示踪绿色环保型聚乙二醇醚水处理剂

原料配比

原料	配比（质量份）									
	1#	2#	3#	4#	5#	6#	7#	8#	9#	10#
聚乙二醇甲醚	—	—	150	—	—	—	—	—	100	180
聚乙二醇正丁醚	—	100	—	—	—	—	—	70	—	—
聚乙二醇十二烷基醚	—	—	—	—	50	—	—	—	—	—
聚乙二醇异丙醚	—	—	—	—	—	—	—	60	—	—
聚乙二醇辛醚	—	—	—	—	—	100	—	—	—	—
聚乙二醇乙醚	100	—	—	—	—	—	—	—	100	—
聚乙二醇异丁醚	—	—	—	—	—	—	120	—	—	—
聚乙二醇十六烷基醚	—	—	—	160	—	—	—	—	—	—
马来酸酐	120	50	360	40	20	50	20	60	180	200
衣康酸	50	—	—	—	—	—	30	—	—	—
丙烯酸	—	85	—	—	—	—	30	—	—	—
富马酸	—	—	—	—	88	—	—	—	70	—
马来酸	—	—	—	—	—	200	—	—	—	125
甲基丙烯酸	—	—	—	—	—	—	—	75	70	—
丙烯酸羟丙酯	—	—	120	—	—	—	—	—	—	80
富马酸二羟丙酯	—	—	—	—	—	—	—	—	—	100
甲基丙烯酸羟乙酯	—	—	—	150	—	—	90	—	—	—
丙烯酸羟乙酯	—	—	—	—	—	—	—	80	70	—
8-烯丙氧基-1,3,6-芘三磺酸钠	0.3	5.5	58	—	—	22	3.5	6.6	40	25

续表

原料	配比(质量份)									
	1#	2#	3#	4#	5#	6#	7#	8#	9#	10#
8-(4-乙烯基苄氧基)-1,3,6-芘三磺酸钠	—	—	—	3.8	23	33	3.5	13.4	55	15
过硫酸钾	1.5	—	—	—	—	—	—	—	—	—
过硫酸钠	3	17	39	3.6	7.5	50	—	—	—	80
偏重亚硫酸钾	4.5	—	—	—	—	—	—	23	30	—
过磺酸钾	—	—	—	3	—	—	20	—	—	—
水	325	500	890	1850	870	2200	1385	1660	3800	3920

制备方法 在 N_2 气氛下,以聚乙二醇醚质量为基准,将聚乙二醇醚和 $0.1\sim5$ 倍的马来酸酐加入反应釜中,在 $50\sim150℃$ 下反应 $0.5\sim10h$,得聚乙二醇醚羧酸反应单体,将温度调至 $60\sim95℃$ 后,加入 $0.1\sim5$ 倍的含乙烯基不饱和双键的单体,$0.001\sim0.5$ 倍的含不饱和双键的荧光单体,$0.01\sim0.5$ 倍的无机引发剂,$3\sim25$ 倍的水,完成后继续在 $60\sim95℃$ 下反应 $0.5\sim10h$,冷至室温,制得荧光示踪绿色环保型聚乙二醇醚多功能水处理剂。

原料介绍 所述的聚乙二醇醚为 $C_1\sim C_{18}$ 的饱和烃基聚乙二醇单醚中的一种或多种的组合;所述的含乙烯基不饱和双键的单体为丙烯酸、甲基丙烯酸、马来酸酐、马来酸、衣康酸、富马酸、丙烯酸羟甲酯、甲基丙烯酸羟甲酯、丙烯酸羟乙酯、甲基丙烯酸羟乙酯、丙烯酸羟丙酯、甲基丙烯酸羟丙酯、丙烯酸羟丁酯、丙烯酸羟己酯、马来酸单甲酯、马来酸单乙酯、马来酸单异丙酯、马来酸异丁酯、马来酸单叔丁酯、马来酸单烯丙酯、富马酸单甲酯、富马酸单乙酯、富马酸单丙酯、富马酸二羟丙酯或富马酸单丁酯的一种或多种的组合。

所述的含不饱和双键的荧光单体为 8-烯丙氧基-1,3,6-芘三磺酸钠和 8-(4-乙烯基苄氧基)-1,3,6-芘三磺酸钠中的一种或者两种的组合。

所述的无机引发剂为过硫酸钠、过硫酸钾、偏重亚硫酸钠、偏重亚硫酸钾、过磺酸钠、过磺酸钾或过氧化氢中的一种或者多种的组合。

产品应用 本品主要应用于工业循环冷却水系统,用于水质的缓蚀、阻垢、分散处理。

产品特性

(1) 该聚乙二醇醚水处理剂不含磷、氮等富营养元素,具有良好的生物降解性能,是一种新型的绿色水处理剂。其制备工艺绿色、环境友好,合成过程采用环保、价廉的水作为反应溶剂,反应过程采用"一锅煮"方式,无须分离,操作简单方便,生产成本较低。

(2) 该聚乙二醇醚水处理剂结构中含有亲水性强的聚醚基团,以及大量能与钙离子螯合的羧酸根离子,对工业循环冷却水系统中磷酸钙、碳酸钙、硫酸钙垢有高效的抑制作用,尤其适合在高钙冷却水水质中应用;并且对氧化铁有特别好的分散作用,除此之外还具有良好的缓蚀性能。

(3) 该聚乙二醇醚水处理剂的配伍性好,可与有机磷酸盐、锌盐缓蚀剂等水处理剂复配使用,也可单独使用。

(4) 该聚乙二醇醚水处理剂由于结构中含有荧光基团,可以准确检测水处理剂的浓度,从而实现在线检测和自动给药。

配方 48 荧光示踪无磷环保型聚醚多功能水处理剂

原料配比

原料	配比(质量份)									
	1#	2#	3#	4#	5#	6#	7#	8#	9#	10#
烯丙基聚乙二醇单醚	100	100	150	120	150	100	160	110	150	110
γ-丁内酯	105	—	50	—	50	120	50	50	30	80
γ-壬内酯	—	60	—	—	—	—	—	—	—	—
β-丙内酯	—	—	50	—	—	—	50	50	—	80
ε-己内酯	—	—	—	240	60	—	—	—	30	80
δ-戊内酯	—	—	—	—	80	—	—	—	—	—
δ-壬内酯	—	—	—	—	—	—	—	50	—	—
δ-己醇内酯	—	—	—	—	—	—	—	50	—	—
马来酸酐	80	—	—	—	—	—	—	—	—	—
丙烯酸	—	100	50	70	—	—	80	60	60	50
富马酸	—	—	—	—	—	—	—	—	—	50
衣康酸	—	—	50	—	50	30	80	40	—	—
丙烯酸羟乙酯	—	—	50	80	—	—	—	—	—	—
甲基丙烯酸羟甲酯	—	—	—	—	50	60	80	50	100	—
甲基丙烯酸羟乙酯	—	—	—	—	—	—	—	—	60	50
富马酸二羟丙酯	—	—	—	—	—	30	—	—	—	50
8-烯丙氧基-1,3,6-芘三磺酸钠	0.5	6	10	15	—	—	20	3	3	3
8-(4-乙烯基苄氧基)-1,3,6-芘三磺酸钠	—	—	—	—	5	20	30	10	12	6
水	120	160	300	285	500	360	600	480	600	480
过硫酸钠	15	—	—	—	8	10	8	7	8	—
过硫酸钾	—	12	8	6	—	—	—	—	—	—
偏重亚硫酸钾	—	—	4	—	8	10	10	—	—	—
过磺酸钾	—	—	—	6	—	—	—	—	—	—

制备方法 在 N_2 气氛下,以烯丙基聚乙二醇单醚质量为基准,将烯丙基聚乙二醇单醚和 0.05～5 倍的内酯加入反应釜中,在 50～150℃下反应 0.5～10h,得聚醚羧酸反应单体。将反应温度调至 60～95℃后,再加入 0.1～5 倍的含乙烯基不饱和双键的单体、0.001～0.5 倍的含不饱和双键的荧光单体、0.1～5 倍的水,混匀后滴加质量分数为 5%～60% 的无机引发剂水溶液,无机引发剂的加入量为烯丙基聚乙二醇单醚质量的 0.01～0.5 倍,0.5～5h 滴完,滴完后继续在 60～95℃下反应 0.5～10h,冷至室温,制得荧光示踪无磷环保型聚醚多功能水处理剂。

原料介绍 所述的内酯为 β-丙内酯、γ-丁内酯、γ-己内酯、ε-己内酯、γ-戊内酯、δ-戊内酯、δ-壬内酯、γ-壬内酯、γ-庚内酯、δ-己醇内酯中一种或多种的组合。

所述的含乙烯基不饱和双键单体为丙烯酸、甲基丙烯酸、马来酸酐、马来酸、衣康酸、富马酸、丙烯酸羟甲酯、甲基丙烯酸羟甲酯、丙烯酸羟乙酯、甲基丙烯酸羟乙酯、丙烯酸羟丙酯、甲基丙烯酸羟丙酯、丙烯酸羟丁酯、丙烯酸羟己酯、马来酸单甲酯、马来酸单乙酯、马来酸单异丙酯、马来酸单丁酯、马来酸单叔丁酯、马来酸单烯丙酯、富马酸单甲酯、富马酸单乙酯、富马酸单丙酯、富马酸二羟丙酯或富马酸单丁酯的一种或多种的组合。

所述的含不饱和双键的荧光单体为 8-烯丙氧基-1,3,6-芘三磺酸钠和 8-(4-乙烯基苄氧基)-1,3,6-芘三磺酸钠中的一种或者两种的组合。

所述的无机引发剂为过硫酸钠、过硫酸钾、偏重亚磺酸钠、偏重亚磺酸钾、过磺酸钠、过磺酸钾、过氧化氢中的一种或者多种的组合。

产品应用 本品主要应用于循环冷却水系统。

产品特性

(1) 该聚醚水处理剂不含磷、氮等富营养元素，具有良好的生物降解性能，是一种新型的绿色水处理剂。其制备工艺绿色、环境友好，合成过程采用环保、价廉的水作为反应溶剂，反应过程采用"一锅煮"方式，无须分离，操作简单方便，生产成本较低。

(2) 该聚醚水处理剂结构中含有亲水性强的聚醚基团，以及能与钙离子、铁离子和锌离子螯合的羧酸根离子，对工业循环冷却水系统中的磷酸钙、碳酸钙、硫酸钙、氢氧化铁和氢氧化锌等水垢有高效的抑制作用。

(3) 该聚醚水处理剂的配伍性好，可与有机磷酸盐、锌盐缓蚀剂等水处理剂复配使用，也可单独使用。

(4) 该聚醚水处理剂由于结构中含有荧光基团，可以准确检测水处理剂的浓度，从而实现在线检测和自动给药。

配方 49 荧光示踪无磷聚醚多功能水处理剂

原料配比

原料	配比(质量份)											
	1#	2#	3#	4#	5#	6#	7#	8#	9#	10#	11#	12#
烯丙基聚乙二醇单醚	100	—	110	—	180	—	120	60	80	100	60	240
乙烯基聚乙二醇单醚	—	100	—	150	—	100	—	60	—	—	100	—
丙烯酸	25	—	—	—	—	—	—	—	50	—	—	—
富马酸	—	—	—	150	—	—	—	—	—	—	—	—
衣康酸	—	100	—	—	—	—	—	50	—	60	—	—
马来酸	—	—	—	—	—	200	—	—	—	—	—	—
甲基丙烯酸	—	—	—	—	—	—	70	—	—	—	—	—
丙烯酸羟甲酯	—	—	—	—	—	—	—	—	50	80	—	—
丙烯酸羟丙酯	—	—	—	180	—	—	—	—	—	—	—	100
丙烯酸羟乙酯	—	—	—	—	—	—	80	—	—	—	—	—
甲基丙烯酸羟乙酯	—	—	100	—	—	—	—	60	—	—	80	—
富马酸单甲酯	—	—	—	—	—	—	—	—	—	—	80	—
富马酸二羟丙酯	—	—	—	—	—	—	—	—	—	—	—	100
8-烯丙氧基-1,3,6-芘三磺酸钠	0.5	5	15	—	80	—	5	10	5	3	35	—
8-(4-乙烯基苄氧基)-1,3,6-芘三磺酸钠	—	—	—	5	—	20	5	6	10	—	35	100
水	350	260	380	320	280	360	500	480	360	330	380	400
过硫酸钠	5	3	50	16	5	20	—	—	16	3	—	25
过硫酸钾	—	3	—	—	6	—	—	40	—	3	—	—
偏重亚磺酸钾	—	3	—	—	—	—	55	—	5	—	—	—
过磺酸钾	—	—	—	—	—	—	—	—	—	—	—	50
17%过氧化氢水溶液	—	—	—	—	—	—	—	—	—	—	100	—

制备方法 在 N_2 气氛下，以聚醚单体质量为基准，将聚醚单体加入反应釜中，

将温度调至 60～95℃后，加入 0.1～5 倍的含乙烯基不饱和双键的单体，0.001～0.5倍的含不饱和双键的荧光单体，0.1～5 倍的水，混匀后滴加质量分数为 5%～60%的无机引发剂水溶液，无机引发剂的加入量为 0.01～0.5 倍的聚醚单体质量，0.5～5h 滴完，滴完后继续在 60～95℃下反应 0.5～10h，冷至室温，制得荧光示踪无磷聚醚多功能水处理剂。

原料介绍　聚醚单体为烯丙基聚乙二醇单醚和乙烯基聚乙二醇单醚的一种或两者的组合；所述的含乙烯基不饱和双键单体为丙烯酸、甲基丙烯酸、马来酸酐、马来酸、衣康酸、富马酸、丙烯酸羟甲酯、甲基丙烯酸羟甲酯、丙烯酸羟乙酯、甲基丙烯酸羟乙酯、丙烯酸羟丙酯、甲基丙烯酸羟丙酯、丙烯酸羟丁酯、丙烯酸羟己酯、马来酸单甲酯、马来酸单乙酯、马来酸单异丙酯、马来酸异丁酯、马来酸单叔丁酯、马来酸单烯丙酯、富马酸单甲酯、富马酸单乙酯、富马酸单丙酯、富马酸二羟丙酯或富马酸单丁酯的一种或多种的组合。

所述的含不饱和双键的荧光单体为 8-烯丙氧基-1,3,6-芘三磺酸钠和 8-(4-乙烯基苄氧基)-1,3,6-芘三磺酸钠中的一种或者两种的组合。

所述的无机引发剂为过硫酸钠、过硫酸钾、偏重亚硫酸钠、偏重亚硫酸钾、过磺酸钠、过磺酸钾或过氧化氢中的一种或者多种的组合。

产品应用　本品主要应用于工业循环冷却水系统，用于水质的缓蚀、阻垢、分散处理。

产品特性

(1) 该聚醚水处理剂不含磷、氮等富营养元素，具有良好的生物降解性能，是一种新型的绿色水处理剂。其制备工艺绿色、环境友好，合成过程采用环保、价廉的水作为反应溶剂，反应过程采用"一锅煮"方式，无须分离，操作简单方便，生产成本较低。

(2) 该聚醚水处理剂结构中含有亲水性强的聚醚基团，以及能与钙离子、铁离子和锌离子螯合的羧酸根离子，对工业循环冷却水系统中的磷酸钙、碳酸钙、硫酸钙、氢氧化铁和氢氧化锌等水垢有高效的抑制作用，除此之外还具有良好的缓蚀性能。

(3) 该聚醚水处理剂的配伍性好，可与有机磷酸盐、锌盐缓蚀剂等水处理剂复配使用，也可单独使用。

(4) 该聚醚水处理剂由于结构中含有荧光基团，可以准确检测水处理剂的浓度，从而实现在线检测和自动给药。

配方 50　用于循环冷却水系统的多功能水处理剂

原料配比

原料	配比(质量份)							
	1#	2#	3#	4#	5#	6#	7#	8#
BPMA	100	100	100	100	100	100	100	100
HPA	26.67	—	13.33	—	14.28	—	—	36.36
HEDP	—	18.75	—	—	—	60	—	—
SSMAC	—	—	13.33	—	—	—	—	—
PBTCA	—	—	—	18.75	—	—	—	—
AA/MA/HEA	—	—	—	—	21.43	—	30	18.18
PPCA	—	—	—	—	—	36.36	—	—
SSCAC	—	—	—	—	—	18.18	—	—
AA/MA	—	—	—	—	—	18.18	—	—

原料	配比（质量份）							
	1#	2#	3#	4#	5#	6#	7#	8#
SCCAC	—	—	—	—	—	—	—	18.18
ZnCl₂	6.67	6.25	6.67	6.25	7.14	9.09	10	9.09

制备方法 将各组分混合均匀即可。

产品应用 本品是主要应用于对循环冷却水系统设备同时进行清洗、预膜、阻垢、缓蚀的多功能水处理剂。

产品特性 采用本品的多功能水处理剂，只需使用一套加药设备，只需进行一次加药，加药前无须考虑使用多个药剂时需考虑的药剂协同效应问题，加药量比综合使用多种专用药剂时小得多，因此使用简单、方便，可以起到清洗、预膜、阻垢、缓蚀的效果，不仅功能多，而且效果好。

配方 51 油垢清洗水处理剂

原料配比

原料	配比（质量份）		
	1#	2#	3#
乙醇	3.5	3	4
异丙醇	13.5	14	14
拉开粉	16	14	13
十二烷基苯磺酸钠	8	9	8
去离子水	55	56	57
苯并三氮唑	2.6	2.6	2.6
乌洛托品	1.4	1.4	1.4

制备方法

（1）将乙醇、异丙醇投入反应釜中，搅匀并升温至 30～60℃；

（2）向釜内加入拉开粉，搅拌至溶解；

（3）向釜内加入十二烷基苯磺酸钠，搅拌至溶解；

（4）向釜内加入去离子水，搅匀；

（5）向釜内加入苯并三氮唑，搅拌均匀；

（6）向釜内加入乌洛托品，搅拌均匀，步骤(2)～(6)均在 30～60℃的恒温下进行。

（7）冷却至常温后出料、计量、包装。

步骤（5）加入苯并三氮唑前先将苯并三氮唑用异丙醇溶解，异丙醇和苯并三氮唑的质量比为 2:1；步骤（6）的搅拌时间为 20～40min。

产品应用 本品用于工业水处理。

产品特性 本品溶垢彻底，渗透力强，除垢速度快，清洗时不需停车就能清洗、缓蚀一次完成。

配方 52 中央空调冷冻水复合水处理剂

原料配比

原料	配比（质量份）						
	1#	2#	3#	4#	5#	6#	7#
有机膦酸化合物（PBTCA）	5	7	2	7	5	1	10

原料		配比（质量份）						
		1#	2#	3#	4#	5#	6#	7#
钼酸盐	$Na_2MoO_4 \cdot 2H_2O$	5	2	5	4	5	3	—
	钼酸铵	—	—	—	—	—	—	1
稀土元素的盐	硝酸铈	1	—	—	1	1	—	—
	硝酸镧	—	0.5	—	—	—	10	—
	硝酸镨	—	—	1.5	—	—	—	0.1
铜缓蚀剂	苯并三氮唑（BTA）	1	1	1	—	2	—	5
	甲基苯并三氮唑（TTA）	—	—	—	—	—	—	—
	巯基苯并噻唑（MBT）	—	—	—	—	—	1	—
锌盐	$ZnSO_4 \cdot H_2O$	1	1	—	—	1	—	—
	$ZnSO_4 \cdot 7H_2O$	—	—	1	—	—	1	1
	氯化锌	—	—	—	1	—	—	—

制备方法 将各组分混合均匀即可。

原料介绍 有机膦酸化合物是指分子中的磷酸基团中磷原子与碳原子直接相连的有机化合物，具体可以选择氨基三亚甲基膦酸（ATMP）、乙二胺四亚甲基膦酸（EDTMP）、1-羟基亚乙基-1,1-二膦酸（HEDP）、2-膦酸基-1,2,4-三羧酸丁烷（PBTCA）及其盐，如钾盐、钠盐和铵盐等中的一种或几种，优选2-膦酸基丁烷-1,2,4-三羧酸。

钼酸盐可为任何含有钼酸根离子（MoO_4^{2-}）的化合物，优选钼酸铵、钼酸钠或其水合物。

稀土元素的盐，其中稀土元素优选镧系元素，如铈、镧、镨等；其盐为任何含有上述稀土元素离子的化合物，优选其硝酸盐。

铜缓蚀剂可以是苯并三氮唑（BTA）、巯基苯并噻唑（MBT）或其钠盐以及甲基苯并三氮唑（TTA）等氮唑类化合物或其混合物，优选苯并三氮唑。

锌盐是指任何含锌离子（Zn^{2+}）的化合物，具体可以是氯化锌、硫酸锌及其水合物，如一水或七水合硫酸锌等。

产品应用 本品适用于中央空调循环冷冻水。

使用时，按0.0001%浓度将本品置于水中，搅拌混合均匀即可。

产品特性

（1）本品为无毒配方，投加量低，含磷量低，是环境友好型药剂。

（2）阻垢、缓蚀性能优异。

（3）提高锌盐的稳定性，与锌盐复配增效明显。

（4）稀土元素加入可以参与钢铁表面的成膜反应，形成致密的稀土元素转化膜，且与有机膦酸化合物复配具有明显的协同增效作用，可以降低钼酸盐等药剂的使用量，降低药剂成本，优化缓蚀效果。

（5）本品所使用的稀土元素属低毒物质，对人畜无害，对环境无污染。

配方 53 中央空调冷却水复合水处理剂

原料配比

原料	配比（质量份）					
	1#	2#	3#	4#	5#	6#
聚环氧琥珀酸（PESA）	5	7	3	5	1	10
膦酸盐（PBTCA）	5	2	5	5	5	1

原料		配比(质量份)					
		1#	2#	3#	4#	5#	6#
钼酸盐	钼酸钠	8	5	5	3	4	—
	钼酸铵	—	—	—	—	—	1
稀土元素的盐	硝酸铈	1	—	—	—	10	—
	硝酸镧	—	1	—	2	—	—
	硝酸镨	—	—	1	—	—	0.1
铜缓蚀剂	苯并三氮唑(BTA)	2	1	1	—	—	—
	甲基苯并三氮唑(TTA)	—	—	—	1	—	5
	巯基苯并噻唑(MBT)	—	—	—	—	1	—
锌盐	ZnSO₄·H₂O	1	1	—	—	—	—
	ZnSO₄·7H₂O	—	—	1	—	—	—
	氯化锌	—	—	—	1	—	—

制备方法 将各组分混合均匀即可。

原料介绍 聚环氧琥珀酸是一种无磷、无氮并具有良好生物降解性的绿色水处理剂。本品优选的聚环氧琥珀酸的分子量为400~800,因该范围内的PESA阻垢性能最好。

膦酸盐即指有机膦酸和膦羧酸化合物,具体可以选择氨基三亚甲基膦酸(ATMP)、乙二胺四亚甲基膦酸(EDTMP)、1-羟基亚乙基-1,1-二膦酸(HEDP)、2-膦酸基-1,2,4-三羧酸丁烷(PBTCA)及其盐,如钾盐、钠盐和铵盐等中的一种或几种,优选2-膦酸基丁烷-1,2,4-三羧酸。

钼酸盐可为任何含有钼酸根离子(MoO_4^{2-})的化合物,优选钼酸铵或钼酸钠。

稀土元素的盐,其中稀土元素优选镧系元素,如铈、镧、镨等;其盐为任何含有上述稀土元素离子的化合物,优选其硝酸盐。

铜缓蚀剂可以是苯并三氮唑(BTA)、巯基苯并噻唑(MBT)或其钠盐以及甲基苯并三氮唑(TTA)等氮唑类化合物或其混合物,优选苯并三氮唑。

锌盐是指任何含锌离子(Zn^{2+})的化合物,具体可以是氯化锌、硫酸锌及其水合物,如一水或七水合硫酸锌等。

产品应用 本品适用于中央空调循环冷却水。

使用时,按0.0001%浓度将本品置于水中,搅拌混合均匀即可。

产品特性

(1)协同效应明显,PESA用量很低时就可完全抑制碳酸钙的生成。

(2)阻垢、缓蚀性能优异,与氯的相容性好,阻垢性能不受氯浓度的影响,从而适用于高温、高碱、高氯及高pH值的"四高"水质。

(3)低磷、环保型配方,可大大降低磷的排放。

(4)提高锌盐的稳定性,与锌盐复配增效明显。

(5)稀土元素加入可以参与钢铁表面的成膜反应,形成致密的稀土元素转化膜,防止其腐蚀,进而降低其他药剂的投加浓度,优化缓蚀效果。

(6)本品所使用的稀土元素属低毒物质,对人畜无害,对环境无污染。

2 废水处理剂

配方 1　PVA退浆废水处理剂

原料配比

原料	配比(质量份)		
	1#	2#	3#
聚合氯化铝	20	30	39
二氧化硅	20	25	16
硅酸钠	30	20	25
三氧化二铝	5	8	10
七水硫酸镁	1	1.5	1.9
硼酸	1	0.5	0.8
十八烷基三甲基溴化铵	0.1	0.3	0.2
甲壳素	0.2	0.1	0.3
氢氧化钙	1	2	1

制备方法　取聚合氯化铝、硅酸钠、甲壳素加入反应器，在15～25℃下搅拌10～20min，使其溶解；加入十八烷基三甲基溴化铵，升温至30～70℃，继续搅拌20～40min，当物料泡沫增多且呈黏稠状时，再加入硼酸、七水硫酸镁，搅拌50～70min后，停止搅拌并静置120～720min；加入二氧化硅、三氧化二铝，升温至35～45℃，继续搅拌50～70min，用离心机在1800～2200r/min转速下脱水10～15min，在50～70℃烘箱中干燥处理28～32min，加入氢氧化钙调节pH值至7～8，经过粉碎机研磨粉碎，用120～180目的筛子过筛，即得产品PVA退浆废水处理剂。

产品应用　本品主要应用于对织物坯布退浆废水的处理。

产品特性　本品中含有聚合氯化铝、三氧化二铝、七水硫酸镁和十八烷基三甲基溴化铵等带正电的多核配位物，对废水中的胶体颗粒会产生电中和、脱稳作用。二氧化硅和硅酸钠等硅系化合物内部的单斜晶格和内部电荷不平衡所形成的微孔，对废水中的有机物具有很强的吸附作用。而硼系化合物硼酸和甲壳素则是PVA的优良螯合剂和凝胶剂。因此，先将PVA退浆废水处理剂配成浓溶液，再倒入污水中搅拌絮凝沉淀，也可将一定量的退浆废水处理剂粉剂直接投入污水中，搅拌絮凝沉淀，在上述物质的共同作用下，废水中的PVA经螯合、电中和、脱稳、吸附架桥、黏附卷扫，会产生良好的絮凝、沉淀。PVA去除效果好（经试用，PVA的去除率达75%以上），减少了退浆废水中的PVA含量，降低了PVA对环境的污染。

配方 2 采油厂污水处理剂

原料配比

原料	配比(质量份)				
	1#	2#	3#	4#	5#
硫酸铝	10	12	15	18	20
硫酸亚铁	10	12	15	18	20
硫酸镁	10	10	12	15	20
立德粉	5	6	8	8	10
水	加至100	加至100	加至100	加至100	加至100

制备方法 取一定量的水按以上配比加入硫酸铝、硫酸亚铁以及硫酸镁和立德粉，在室温下搅拌均匀，全部溶解即可使用。

产品应用 本品主要应用于采油厂废水的处理。

产品特性

(1) 针对采油厂废水，沉淀效果好，出水水质好，处理成本低。该水处理剂适用于采油厂的含油污水。污水中加入该药剂后，悬浮物立刻絮凝，生成的矾花大，沉淀快速，效率高，絮团强度高，疏水性能好，利于压滤；压滤后的滤饼含水率低，质量好。

(2) 无腐蚀性。该药剂处理后溶液的 pH 值在 6.5～8.0，近似于中性，不含 Cl^-，当处理水回用后，能有效地保护水体系中的钢结构，使其免遭腐蚀，因此每年可以减少大量的设备维修费。

(3) 无毒性。该污水处理药剂纯度高、无杂质、无粉尘，水溶液清澈透明。该药剂无毒性，对操作工人无影响，处理后水无二次污染等问题。

配方 3 城市污水处理剂

原料配比

原料	配比(质量份)				
	1#	2#	3#	4#	5#
硫酸亚铁	15	16	18	20	20
硅酸钠	15	16	18	18	20
铝酸钙	5	7	6	8	10
聚丙烯酸钠	1	3	3	2	5
聚丙烯酰胺	1	2	2	1.5	3
二甲基二烯丙基氯化铵	1	1	2	2	3
无机酸	1	2.5	2	3	3
水	加至100	加至100	加至100	加至100	加至100

制备方法 将各组分混合均匀即可。

产品应用 本品主要应用于城市污水处理。

产品特性

(1) 对生活污水和工业污水净化效果好，处理成本低。

(2) 对污水中营养物质可进行有效净化。

(3) 环保无毒性，纯度高、无杂质、无粉尘，水溶液清澈透明，对操作人员友好，处理后水无二次污染等问题。

配方 4 催化剂厂全白土废水处理剂

原料配比

原料	配比（质量份）					
	1#	2#	3#	4#	5#	6#
丙烯酰胺	2	1	3	4	5	4
叔丁醇	30	10	20	25	40	35
N-甲基二烯丙基胺	3	1	2	2.5	5	4.5
氯化铵	0.3	0.1	0.2	0.25	0.5	0.35
硅酸钠	1.1	0.3	1.3	0.7	1.8	1.5
二甲基乙醇胺	0.12	0.1	0.13	0.14	0.15	0.11
水	63.48	87.5	73.37	67.41	47.55	54.54

制备方法 将定量叔丁醇打入有氮气作保护的反应釜中，向叔丁醇中投入定量丙烯酰胺搅拌均匀后，再加入定量的二甲基乙醇胺，搅拌至少 1.5h，撤掉氮气保护，将上述溶液冷却至 30℃ 后，边搅拌边加入定量的氯化铵、N-甲基二烯丙基胺、硅酸钠和水，搅拌至少 2.5h 后冷却至室温。成品为淡蓝色透明液体，pH 值为 6~7，绝对黏度大于等于 18mPa·s。

产品应用 本品主要应用于催化剂厂全白土废水处理。

废水的处理工艺包括以下步骤：向废水中边搅拌边加入处理剂至搅拌均匀，将上述溶液静置分层，上层为处理后的水，下层为固体沉淀物。

产品特性

(1) 本品可显著降低催化剂厂全白土废水中晶化白土的含量，回收率高，处理效果明显。

(2) 使用本品处理催化剂厂全白土废水的工艺简单，易操作，管理方便，投资少，效果显著。

配方 5 电镀废水处理剂

原料配比

原料	配比（质量份）				
	1#	2#	3#	4#	5#
NaOH	45	—	20	45	—
KOH	—	60	—	—	—
Ca(OH)$_2$	30	—	30	30	90
NaClO$_3$	6	5	5	10	10
Ca(ClO)$_2$	6	6	4	10	8
CaO$_2$	6	1	1	10	11
Na$_2$S	4	0.5	5	3	3
Al(OH)$_3$	1	0.5	5	4	5
煤矸石	2	1	1.5	2	1

制备方法 将各组分混合均匀即得成品。

产品应用 本品主要应用于电镀废水处理。在采用化学法处理电镀综合废水的基础上，将上述电镀废水处理剂加入经预处理、还原的废水中，使废水中的 pH 值为 8 即可，废水再进入沉淀池沉淀，上清液回用或直接排放，污泥经压榨后进行固渣专业处置,污泥压榨后的滤液回用或直接排放。

产品特性 本品原料易得,成本低,处理电镀综合废水的能力强且使用方便;对重金属离子的沉降速度快,重金属去除率高达99.9%,用于电镀综合废水处理时,只需一个沉淀池,缩短了废水处理工艺流程,减少了占地面积,节省了投资,易于运行管理。

配方 6 多功能高效水处理剂

原料配比

原料	配比(质量份)		
	1#	2#	3#
硫酸铁	8	9	15
氧化铁粉	10	12	15
硫酸亚铁	15	17	20
氧化镁粉	10	13	15
氧化锌	4	8	10
硫酸锌	5	10	12
氯化铜	7	12	13
硫酸铜	7	11	13
氯化铵	10	18	20
次氯酸钠	13	14	20

制备方法 将各组分混合均匀即可。

产品应用 本品主要应用于化工、印染、石油、造纸、纺织、冶金、医药等污废水的处理。

产品特性 本品对各种污废水均有较好的处理效果,生产成本低。

配方 7 多功能污水处理剂

原料配比

原料	配比(质量份)		
	1#	2#	3#
丁醇	1	—	—
丙三醇	—	2	—
季戊四醇	—	—	1
四氯化锡	1(体积份)	2(体积份)	1(体积份)
环氧氯丙烷	100	400	150
三甲胺水溶液	30	—	—
三乙胺	—	240	—
吡啶	—	—	150

制备方法 将有机醇加入催化剂后加热搅拌,再加入环氧氯丙烷和有机胺在反应器中进行反应,即得聚醚型有机胺盐产品,其中反应温度为20~160℃,反应时间为5~24h,催化剂为四氯化锡。

本品污水处理剂适用pH值为4~10。

原料介绍 所述有机醇是丁醇、乙二醇、丙三醇、季戊四醇;有机胺是三甲胺、三乙胺、三丙胺、吡啶。

产品应用 本品主要应用于污水处理浮选净化、杀菌、脱色和缓蚀。

产品特性

（1）具有高效除油及悬浮能力和强力杀菌能力，同时可以脱色以及缓解污水对设备的腐蚀，延长设备使用寿命。

（2）水溶性好，使用方便。

配方 8 多维聚羧酸盐水处理剂

原料配比

原料	配比（质量份）							
	1#	2#	3#	4#	5#	6#	7#	8#
腐植酸钠	4	—	—	—	2	—	—	15
碱木质素	—	8	4	7	—	—	—	—
腐植酸钾	—	—	—	—	—	4	10	—
水	66.9	70	70	70	65	70	75	80
氢氧化钠	9	7.26	8.63	—	11	—	—	0.7
氢氧化钾	—	—	—	8	—	9	5	—
丙烯酸	20	14.54	17.27	15	22	17	10	4
环氧丙烷	0.1	—	0.1	—	—	—	0.2	—
环氧乙烷	—	0.2	—	—	—	0.05	—	0.3

制备方法 将腐植酸钠（或腐植酸钾、碱木质素）、苛性碱、丙烯酸、环氧乙烷（或环氧丙烷）化学原料在 30～100℃，1～10atm（1atm＝101325Pa）下反应 30～240min，制成的多维聚羧酸盐溶液 pH 值为 9～12，浓度为 15%～35%。

产品应用 本品可广泛用于中央空调、化肥厂、化工厂、热电厂、冷冻厂的循环水处理和环保中的污水处理。

产品特性 由于本品的多维聚羧酸盐具有多维多支链的分子结构，比原有腐植酸盐具有更大的分子面积，含有的羧酸基也更多，具有更好的吸附络合、絮凝性质，能吸附在换热器外壁的金属原子或离子上，有效地阻止钙离子或镁离子的碳酸盐、硫酸盐、硅酸盐或磷酸盐等在管壁上结晶、沉积成垢，且可使老水垢渐渐松动脱落，是良好的水质处理剂。

配方 9 二元共聚物 MA-AMPS 水处理剂

原料配比

原料	配比（质量份）		
	1#	2#	3#
顺丁烯二酸酐	9.8	9.8	9.8
去离子水	30（体积份）	30（体积份）	30（体积份）
2-丙烯酰胺-2-甲基丙磺酸	10.35	10.35	10.35
50%的 NaOH 水溶液	11（体积份）	11（体积份）	11（体积份）
钨酸钠	按顺丁烯二酸酐质量的 3.5%	按顺丁烯二酸酐质量的 3.5%	按顺丁烯二酸酐质量的 3.5%
过氧化氢	占反应物总量 78%	占反应物总量 78%	占反应物总量 78%
过硫酸钾	3	3.9	4.1

制备方法

（1）将顺丁烯二酸酐和 2-丙烯酰胺-2-甲基丙磺酸溶于去离子水中，在 85～95℃

下反应 3～3.5h。

(2) 将温度控制在 40～55℃，并调节步骤 (1) 所得溶液的 pH 值至 11～13，升温到 55～60℃，按顺丁烯二酸酐质量的 3.5% 加入钨酸钠，反应 0.5～1h 后，缓慢滴加反应物总质量的 76%～78% 的过氧化氢，调节溶液 pH 值至 5～7，在 70～75℃下进行环氧化反应 1.5～2h。

(3) 升温至 80～90℃，加入单体总质量 15%～20% 的聚合剂过硫酸钾，反应 1～2h，即制得二元共聚物 MA-AMPS 粗品，然后经过滤提纯得二元共聚物 MA-AMPS。

步骤 (3) 的聚合温度控制在 88～92℃；聚合剂过硫酸钾加入量为单体总质量的 19%～19.4%；聚合时间 1～1.2h。

产品应用 本品主要应用于废水处理。

产品特性 本配方优化后的聚合剂用量、聚合温度和聚合时间，可以使原料反应更加彻底，提高了转化率；适当的聚合温度和聚合时间，既节约了成本，又节约了时间，并且合成过程无任何废液产生，最终产物无须再次分离，从而降低生产成本，实现绿色生产。

本品的二元共聚物 MA-AMPS 是一种具有优良性能的油田水处理剂，并且制成的产品无磷、无毒、无害，有利于环境保护，可以长期稳定保存。

配方 10 反应复配型多功能水处理剂

原料配比

原料	配比（质量份）							
	1#	2#	3#	4#	5#	6#	7#	8#
亚氯酸钠	1	1	1	1	1	1	1	1
硫酸铁	1	0.8～1.5	0.8	1.5	1	0.8	1.5	1
硼砂	0.015	—	0.01	0.03	0.015	0.01	0.03	0.015
衣康酸	0.07	—	0.05	0.1	0.07	0.05	0.1	0.07
磷酸二氢钾	—	—	—	—	—	0.005	0.003	0.002

制备方法 将各组分混合均匀即可。

产品应用 本品主要应用于废水处理。

使用方法：将 0.02～0.2g 的反应复配型多功能水处理剂加入 1000mL 待处理的水中，同时快速搅拌 3～5s，使反应复配型多功能水处理剂和水充分混合，然后再慢速搅拌 20～30min，静置 30～60min 后，上清液即为处理后的水。

产品特性 使用本水处理剂时，由于其加入了最佳比例混合均匀的亚氯酸钠和活化剂（硫酸铁和硼砂的混合物）及衣康酸，一定的时间内就可以在组分间发生化学反应释放出一定量的二氧化氯，二氧化氯具有氧化杀菌能力，硫酸铁的系列水解产物又具有絮凝和吸附作用，这是由于水解酸产生的 Fe^{3+} 及其系列羟基化中间产物具有絮凝作用，同时刚生成的絮凝体又具有一定的吸附作用。硼砂在药剂中起到催化剂的作用，可以提高药剂在水中释放二氧化氯的转化率。衣康酸的作用除了能够提供一定的酸度外，更主要的是在体系中能够起到一定的阻垢作用，即能够和 Ca^{2+}、Mg^{2+} 形成可溶性的配合物。它们协同起来能达到更好的去除水中不溶性物质形成的胶体及悬浮颗粒，除浊除藻，同时去除水中有毒有机物、重金属、致病微生物和放射性物质。

配方 11 防垢块

原料配比

原料	配比(质量份)				
	1#	2#	3#	4#	5#
氨(氮)基三亚甲基膦酸盐	72	80	—	—	—
羟基亚乙基二膦酸盐	—	—	71	—	—
乙二胺四亚甲基膦酸钠盐	—	—	—	67	—
二-1,2-亚乙基三胺五亚甲基膦酸盐	—	—	—	—	76
丙烯酸-丙烯酸酯共聚物	5	—	6	6	1
膦酸基羧酸共聚物	—	1	—	—	4
十二烷基二甲基苄基氯化铵	5	—	—	—	—
十二烷基二甲基苄基溴化铵	—	3	—	—	—
十四烷基二甲基苄基氯化铵	—	—	4	—	—
二氧化氯	—	—	—	4	—
高压聚乙烯	10	—	—	12	14
低压聚乙烯	—	15	—	—	—
EVA 树脂	7	—	19	1	4.5
聚丙烯树脂	—	—	—	9	0.5
六偏磷酸钠	1	—	—	1	—
三聚磷酸钠	—	1	—	—	—

制备方法 将各原料在常温下搅拌均匀后，经过挤出机挤出，骨架物料呈熔融状态，装入模具后，在 5~50MPa 的压力下成型即为块状缓慢溶解型的防垢块产品。

原料介绍 有机磷酸盐是指氨（氮）基三亚甲基膦酸盐、羟基亚乙基二膦酸盐、乙二胺四亚甲基膦酸钠盐、二-1,2-亚乙基三胺五亚甲基膦酸盐中的一种或两种以上的混合物；骨架物料为高压聚乙烯、低压聚乙烯、EVA 树脂、聚丙烯树脂中的一种或两种以上的混合物。

产品应用 本品适用于油气田，作为油井产、集、输含油污水介质和注水系统用的防止设备结垢的缓释型防垢块状药剂。

产品特性 本产品具有省时、省力、节约开支、人为因素影响很小、效果稳定的特点，是液体阻垢产品的换代产品。

配方 12 有机防垢块

原料配比

原料		配比(质量份)					
		1#	2#	3#	4#	5#	6#
有机磷酸盐	氨(氮)基三亚甲基膦酸盐	72	80	—	—	—	52
	羟基亚乙基二膦酸盐	—	—	71	—	—	8
	乙二胺四亚甲基膦酸钠盐	—	—	—	67	—	—
	二-1,2-亚乙基三胺五亚甲基膦酸盐	—	—	—	—	76	—
	三-1,2-亚乙基四胺六亚甲基膦酸盐	—	—	—	—	—	—
骨架物料	高压聚乙烯	10	—	—	12	14	—
	低压聚乙烯	—	15	—	—	—	16
	EVA 树脂	7	—	19	1	4.5	1
	聚丙烯树脂	—	—	—	9	0.5	3.8

续表

原料		配比(质量份)					
		1#	2#	3#	4#	5#	6#
杀菌剂	十二烷基二甲基苄基氯化铵	5	—	—	—	—	1
	十二烷基二甲基苄基溴化铵	—	3	—	—	—	—
	十四烷基二甲基苄基氯化铵	—	—	4	—	—	—
	二氧化氯	—	—	—	4	—	—
无机磷酸盐	六偏磷酸钠	1	—	—	1	—	—
	三聚磷酸钠	—	1	—	—	—	—
多元共聚物	丙烯酸-丙烯酸酯共聚物	5	—	—	—	—	18.2
	膦酸基羧酸共聚物	—	1	—	—	4	—
	丙烯酸-磺酸共聚物	—	—	6	6	1	—

原料		配比(质量份)					
		7#	8#	9#	10#	11#	12#
有机磷酸盐	氨(氮)基三亚甲基膦酸盐	—	73	55	61	48	—
	羟基亚乙基二膦酸盐	—	—	—	16	21	75
	乙二胺四亚甲基膦酸钠盐	—	6	—	3	6	5
	二-1,2-亚乙基三胺五亚甲基膦酸盐	—	—	5	—	—	—
	三-1,2-亚乙基四胺六亚甲基膦酸盐	80	—	10	—	—	—
骨架物料	高压聚乙烯	—	10	—	15	9	8
	低压聚乙烯	—	10	10	—	—	8
	EVA树脂	19.9	6.9	1	5	5	4
	聚丙烯树脂	—	—	2	—	1	1
杀菌剂	十二烷基二甲基苄基氯化铵	—	—	—	2	—	—
	十二烷基二甲基苄基溴化铵	—	4	—	—	—	1
	十四烷基二甲基苄基氯化铵	—	—	—	—	—	1
	二氧化氯	—	—	2	—	—	—
无机磷酸盐	六偏磷酸钠	—	—	—	—	5	—
	三聚磷酸钠	—	—	—	—	—	4.6
多元共聚物	丙烯酸-丙烯酸酯共聚物	—	—	13	—	—	0.4
	膦酸基羧酸共聚物	0.1	—	—	1	3	—
	丙烯酸-磺酸共聚物	—	0.1	1	—	2	—

原料		配比(质量份)						
		13#	14#	15#	16#	17#	18#	19#
有机磷酸盐	氨(氮)基三亚甲基膦酸盐	—	49	39	36	60	80	70
	羟基亚乙基二膦酸盐	56	12	35	10	—	—	—
	乙二胺四亚甲基膦酸钠盐	10	10	—	—	—	—	10
	二-1,2-亚乙基三胺五亚甲基膦酸盐	8	4	—	5	—	—	—
	三-1,2-亚乙基四胺六亚甲基膦酸盐	—	—	5.5	3	—	—	—
骨架物料	高压聚乙烯	—	13	—	11	30	20	—
	低压聚乙烯	4	—	11	—	—	—	—
	EVA树脂	16	2	4	—	—	10	30
	聚丙烯树脂	—	1	5	5	—	—	—
杀菌剂	十二烷基二甲基苄基氯化铵	—	—	—	—	5	—	—
	十二烷基二甲基苄基溴化铵	—	5	—	4	—	—	—
	十四烷基二甲基苄基氯化铵	—	—	—	—	—	—	—
	二氧化氯	—	—	—	—	—	—	—

续表

原料		配比(质量份)						
		13#	14#	15#	16#	17#	18#	19#
无机磷酸盐	六偏磷酸钠	2	—	—	20	—	—	—
	三聚磷酸钠	2	—	—	—	—	—	—
多元共聚物	丙烯酸-丙烯酸酯共聚物	—	—	—	0.2	—	—	—
	膦酸基羧酸共聚物	—	1	—	0.8	—	—	—
	丙烯酸-磺酸共聚物	2	3	0.5	—	—	—	—

制备方法 将上述各物料在常温下搅拌均匀后，经过挤出机挤出，骨架物料呈熔融状态，装入模具后，在 5～50MPa 的压力下成型即为块状缓慢溶解型的防垢块产品。

为了便于在油井的井下使用，一般可压制成规格为 $\phi 60 \times 80$、$\phi 80 \times 80$ 的圆柱状固体。

原料介绍 有机磷酸盐是指氨（氮）基三亚甲基膦酸盐、羟基亚乙基二膦酸盐、乙二胺四亚甲基膦酸钠盐、二-1,2-亚乙基三胺五亚甲基膦酸盐、三-1,2-亚乙基四胺六亚甲基膦酸盐中的一种或两种以上的混合物。

骨架物料可以是高压聚乙烯、低压聚乙烯、EVA 树脂、聚丙烯树脂中的一种或两种以上的混合物。

产品应用 本品适用于油气田油井产、集、输含油污水介质和注水系统，可防止设施结垢。

本品与防腐块、防蜡块可以混合使用，在一口井中同时起到防腐蚀、防结垢和防结蜡的多重效果。

产品特性 在作业的时候，将防垢块工作筒连接在抽油泵下筛管的底端，并用隔板将两者隔离开来。随着修井作业的完成，防垢块也一同下到井下。防垢块浸泡在产出液中，并开始缓慢释放出阻垢成分，与水中的硬度离子反应生成稳定的配合物，其溶解周期为 300d 左右。本品具有省时、省力、节约开支、人为因素影响很小、效果稳定的优点，是液体阻垢产品的换代产品。

配方 13 纺织印染废水处理剂

原料配比

原料	配比(质量份)	原料	配比(质量份)
膨润土	49	聚合氯化铝	0.3
凹凸棒石黏土	50.5	聚丙烯酰胺	0.2

制备方法

(1) 选矿提纯：膨润土和凹凸棒石黏土内部所含杂质较多，应分别进行选矿和提纯。

(2) 膨润土和凹凸棒石黏土活化方法

① 酸化改性：分别用适量的硫酸对膨润土和凹凸棒石黏土进行酸化处理，用半湿法，按质量分数配制，1mol/L 硫酸 8%～10% 溶液，分别喷洒在膨润土和凹凸棒石黏土上，进行搅拌，混合均匀，陈化 2h。

② 对辊挤压：将酸化后的膨润土和凹凸棒石黏土分别进行两次对辊挤压。

③ 烘干：分别将膨润土和凹凸棒石黏土在回转式干燥炉内进行烘干焙烧，温度

控制在 $250\sim400℃$，焙烧时间为 2h，经焙烧后即为活性膨润土和活性凹凸棒石黏土。

（3）纺织印染废水处理剂的制备：将活性膨润土、活性凹凸棒石黏土、聚合氯化铝和聚丙烯酰胺混合后进行粉磨，颗粒细度控制在 $0.074\sim0.105mm$，包装即为成品。

产品应用 本品适用于处理印染废水、造纸废水和其他工业废水。

产品特性 本品具有较大的比表面积，有离子交换和吸附性能，处理废水成本低、操作简单、无毒无害、效果显著；印染废水经本品处理后水质优于该类废水国家排放标准，沉淀物可再生循环利用。

配方 14　纺织印整废水处理剂

原料配比

原料	配比（质量份）				
	1#	2#	3#	4#	5#
聚合硫酸铁	18	16	16.4	17	17.6
氯化铁	0.4	1	1	1	0.6
聚丙烯酰胺	0.8	1	0.8	0.4	0.4
聚二甲基二烯丙基氯化铵	0.4	0.4	0.8	0.8	0.6
磷铵	0.2	0.6	0.2	0.4	0.4
羧甲基纤维素钠	0.2	0.6	0.6	0.4	0.4

制备方法 将各组分混合均匀即可。

产品应用 本品适用于纺织工业和制衣工业废水的处理。

本品的处理工艺包括：原水→混凝→曝气→沉清→砂滤→吸附等工艺步骤。

混凝是指向原水中掺入多元复合药剂。

产品特性 本品原料配比科学，六种药剂复合后，在污水混凝处理过程中，利用其各自的亲和性，各自发挥主要作用和辅助作用，使污水迅速反应沉淀。有机和无机复合的凝聚剂同时加入，对生化耗氧量和化学耗氧量除去率也最高。

本多元复合药剂正电性强，利用强水解基团形成的微絮体使胶粒脱稳，使大量色素由于共同效应，也形成絮体沉淀下来。另外，本品对水质的 pH 值应用范围广（在 $2\sim13$ 之间），对各种印染废水处理效果无明显差异，COD_{Cr}、BOD_5 去除率约为 80%。

配方 15　废水复合净水剂

原料配比

原料	配比（质量份）		
	1#	2#	3#
聚合态碱式氯化铝	14~15	10~12	12~13
聚合态碱式硫酸铁	10~11	14~15	12~13
氯化铁	9~9.5	9.5~10	9~9.5
硅酸钠	1~1.5	1.5~2	1.3~1.8
水	加至 100	加至 100	加至 100
硫酸	0.5~1	0.5~1	0.5~1

制备方法

(1) 将硅酸钠溶于水中,再加入硫酸,在酸性状态下生成活性硅酸;

(2) 将步骤(1)中的物料在搅拌状态下加入聚合态碱式氯化铝(先加铝盐的目的是对生成的活性硅酸起到稳定作用),再加入聚合态碱式硫酸铁和氯化铁,将混合溶液静置1~2h即得产品。

产品应用　本品可广泛用于城市生活废水和工业废水的处理。

产品特性　本品原料易得,配比科学,工艺简单;在聚合态碱式氯化铝中引入铁盐,利用聚合态碱式硫酸铁水解产生的多种高价和多核离子,对水中的悬浮胶体颗粒进行电性中和,降低电位,促使离子相互凝聚,产生吸附、架桥交联作用,增强混凝的协同效应,减少铝的残留量,对设备基本无腐蚀;铝盐可保证硅酸钠的稳定性和活性,具有很好的卷扫和网捕作用,能有效去除废水中的各种重金属,降低COD并脱硫。另外,本品药剂用量低,适应水质条件较宽。

配方 16　废水处理净水剂

原料配比

原料	配比(质量份)		
	1#	2#	3#
氯化铝	90	—	—
硫酸铝	—	70	—
聚合铝	—	10	60
高岭土	5	—	—
沸石	5	—	10
膨润土	—	10	10
明矾石	—	10	—
石英粉	—	—	10
硅藻土	—	—	10

制备方法　将各组分混合均匀即可。

产品应用　本品可用于畜牧场、食品厂、造纸厂、肉类加工厂、油田及电镀、洗煤、印染、漂染、生活等废水的净化处理。

产品特性

(1) 本品选用的可溶性单体具有引发连锁反应的作用,控制不溶性单体颗粒半径可以改善生成絮体的密度和强度,增大不溶性单体的接触面积可以增强其吸附架桥能力,这些因素都大大提高了净化水质的效率。

(2) 复合净水剂在通过化学反应来破坏废水中污染物的稳定性的同时,增加其吸附架桥能力及改善生成絮体的粒径、密度和强度,比单一型净水剂具有更多的功效。

(3) 应用范围广,对多种废水都可以达到较好的混凝效果;快速形成矾体,沉淀性能好,脱色效果好;适宜的pH值及温度范围较宽;单位使用量较低,且原料易得,价格便宜。

（4）本品单位用量比单一型硫酸铝低15%以上，而且对惰性污染物去除效果尤为显著，有利于减轻环境污染，保护水资源。

配方 17 复合废水净水剂

原料配比

原料	配比（质量份）	原料	配比（质量份）
$Na_2SiO_3 \cdot 9H_2O$	40.8	水②	100
水①	100	浓硫酸②	4（体积份）
浓硫酸①	12（体积份）	H_3PO_4	2（体积份）
$FeSO_4 \cdot 7H_2O$	200	30%的过氧化氢	100（体积份）

制备方法

（1）将 $Na_2SiO_3 \cdot 9H_2O$ 溶解于水①中，在搅拌下加入浓硫酸①，得到半透明的硅酸半成品 A；

（2）在水②中加入 $FeSO_4 \cdot 7H_2O$ 和浓硫酸②，加热使 $FeSO_4 \cdot 7H_2O$ 完全溶解，得到半成品 B；

（3）将 A 和 B 混合后加入 H_3PO_4，在搅拌下常温加入 30%的过氧化氢进行氧化，加入过氧化氢的时间为 4h。反应后，在 70℃熟化 2h，得到红褐色的液体聚硅硫酸铁产品，再经干燥后可得到固体产品。

产品应用 本品主要用于城市污水处理。

产品特性 本品原料易得，配比及工艺科学合理，产品混凝能力强、矾花大、沉降快、pH 值适用范围广，能够避免二次污染，有利于环境保护。

配方 18 废水处理复合净水剂

原料配比

原料	配比（质量份）	原料	配比（质量份）
$Al_2(SO_4)_3 \cdot 18H_2O$ 和 $FeSO_4 \cdot 7H_2O$	104	H_3PO_4	2（体积）
水	200	30%的 H_2O_2	100（体积）
浓硫酸	8（体积份）		

制备方法 将 $Al_2(SO_4)_3 \cdot 18H_2O$ 和 $FeSO_4 \cdot 7H_2O$ 溶于水中，加入浓硫酸和 H_3PO_4，在搅拌和常温条件下缓慢加入 30%的 H_2O_2 进行氧化反应，H_2O_2 的加入时间为 4h。反应结束后，在 70℃下熟化 4h，即得到红褐色的液体 PAFS，再经干燥可得固体产品。

产品应用 本品适用于城市污水和工业废水的净化处理。

本净水剂（PAFS）适用于 pH 值为 3～12 的污水处理，处理污水时的净水剂的浓度为 30～60mg/L 最佳。

产品特性 本品原料易得，配比科学，工艺简单，不仅可以避免三废污染，而且具有反应温度低、反应速率快、适用范围广、投放量少、浊度去除率高、脱色效果好的特点。

配方 19　废水处理剂

原料配比

原料	配比（质量份）		原料	配比（质量份）	
	1#	2#		1#	2#
改性膨润土	100	100	银	0.5	0.75
三氧化二铝	25	15	$NH_3 \cdot H_2O$	适量	适量

制备方法

（1）按膨润土∶细炭粉＝100∶（3～7）的质量比称量，将二者充分研磨混匀，加水制成细小颗粒，烘干后转入温度为550～600℃的马弗炉内焙烧2～3h，得改性膨润土；

（2）按改性膨润土∶铝＝100∶（3～8）的质量比，称取上述改性膨润土和铝盐，先配制浓度为10%～30%的铝盐水溶液，再将上述改性膨润土倒入其中，摇匀后静置1～2h，在搅拌下滴加$NH_3 \cdot H_2O$，调节pH值为10左右，在100℃下烘干，再逐渐升温至400～500℃，保温焙烧1～2h；

（3）按改性膨润土∶银＝100∶（0.2～0.8）的质量比称取银盐，先配制浓度为1%～2.5%的银盐水溶液，再将上步焙烧产物浸入其中，在90℃下烘干，然后转入马弗炉内升温至450～500℃，保温2h，使银盐转化为银，即得废水处理剂。

产品应用　本品主要应用于印染废水、油气田废水、生活污水以及其他多种有机污染废水的处理。

产品特性

（1）对废水中的有机污染物、悬浮物具有良好的吸附、絮凝和催化降解作用；

（2）处理废水工艺简单，用量少，沉降速度较快，效果较好；

（3）水处理成本低；

（4）易于回收再用。

配方 20　废水处理药剂

原料配比

原料	配比（质量份）	原料	配比（质量份）
硫酸铝	40	硫酸锰	5
硫酸铁	20	锌钡白	5
硫酸镁	30		

制备方法　将各组分均匀混合即可。

产品应用　本品主要应用于废水处理。

使用方法：每立方米煤泥水用本处理剂0.013kg。

产品特性

（1）使用范围广，沉淀效果好，出水水质好，处理成本低。该废水处理药剂适用于煤泥水、含油污水、印染废水、造纸废水、化工和城市污水等。污水中加入该药剂后，悬浮物立刻絮凝，生成的矾花大，沉淀快速，效率高，絮团强度高，疏水性能好，利于压滤，压滤后的滤饼含水率低，质量好。

（2）无腐蚀性。该药剂处理后溶液的pH值在6.5～8.5，近似于中性，不含Cl^-，当处理水回用后，能有效地保护水体系中的钢结构，使其免遭腐蚀，因此每年可以减少大量的设备维修费。

（3）无毒性。该废水处理药剂纯度高、无杂质、无粉尘，水溶液清澈透明。该药剂无毒性，对操作工人无影响，处理后水无二次污染等问题。

配方 21　复合多元聚铝净水剂

原料配比

原料	配比(质量份)	原料	配比(质量份)
水	50	六水三氯化铝	1
粉状硅酸盐(90%)	36.7	硫酸铝	0.6
硫酸(97%)	10	二氧化硅	1.7

制备方法　在常温生产容器中注入水，然后搅拌加入粉状硅酸盐，再缓慢加入硫酸，反应 2h 后分别加入六水三氯化铝、硫酸铝、二氧化硅，冷却至 50℃ 装入塑料桶，即得产品。

产品应用　本品广泛用于化工、医药、冶金、选矿、造纸等工业废水的处理，特别适用于高浓度、高色度的废水。

使用方法：1000L 废水（色度为 100 倍，COD 为 1000mg/L，pH＝7）中加入石灰（CaO）2.5kg，搅拌溶解后加入 50kg 本净水剂反应 0.5h，沉淀 2h 分离清液（清液色度为 10 倍，COD 为 100mg/L，pH＝7）。如沉淀物循环使用，则本净水剂再投加量可减少到 30kg，处理效果等同。

产品特性　本品原料配比科学，活性硅酸具有价格低、处理后水中的残留量较其他净水剂低的优点。铝盐中的铝离子在水中水解缩聚形成高聚物，可使水中带负电荷的微粒子相互黏结而沉淀，在低温情况下也能达到如此效果，由此产生的协同作用，可使所述净水剂脱色效果优于其他净水剂。使用本品处理废水效果好，处理费用低，受水温影响小，在南方地区冬天水温为 −3℃ 时处理效果也很好。

配方 22　复合粉状硫酸钙污水处理剂

原料配比

原料	配比(质量份)		
	1#	2#	3#
苹果酸	5	7	10
酒石酸	3	4	5
硫酸钙	60	65	70
碳酸镁	10	12	15
碳酸钙	10	15	20
三氯化铁	10	15	20
氧化钙	10	15	20
聚丙烯酰胺	2	2.5	3

制备方法　将苹果酸与酒石酸混合 40～60min；加入硫酸钙，混合 50～120min；加入碳酸镁，混合 40～60min；加入碳酸钙，混合 40～60min；加入三氯化铁，混合 40～60min；加入氧化钙，混合 40～60min；加入聚丙烯酰胺，混合 120～150min，即可。

本配方通过控制和改变不同官能团的无机高分子和有机高分子物质添加的次序，在复合过程中发生和不发生反应的条件，达到这些组分在投加前保持良好的形态分布及其稳定性，投加后具有很快的形态转化和高效凝聚絮凝性。通过添加特定成分使各带有不同官能团的无机高分子和有机高分子物质能够在自然环境下保持独立性和良好的形态分布，进入工作状态后（投加后）能够促进各组分间协调工作，产生高效凝聚絮凝性。通过控制复合条件，使各组分在复合过程中不发生反应。

产品应用　本品主要应用于污水处理。

产品特性

（1）多能高效　在功能上同时兼具絮凝剂、缓蚀剂、杀菌剂等多种药剂的功效，集众多水处理产品的优点于一身，既有聚铝（PAC）的电中和能力，又有聚铁（PFS）的沉淀速度，因此混凝性能更加优良，矾花大且紧密，去除的污泥致密、体积小且沉降速度快，能去除目前常用水处理剂难以处理的重金属离子、放射性物质、致癌物质、蓝藻、SS、COD、BOD等污染和有害物质，具有显著的脱色、脱臭、脱水、脱油、除菌等多种功效。由于污水处理效率高、功能全，所以处理相同容积的污水，药剂投放量只有常用水处理剂的1/5左右，污水处理的运行成本低。

（2）绿色环保　所用的材料均为天然的有机酸和无机矿物质、无机化学合成物，所以产品无毒无害、无二次污染。

（3）速度快、水质好　污水处理速度快、处理时间短，污水处理从开始到完成，整个工艺流程的时间不超过3min，而国内最常用的PAC絮凝剂的处理时间为90min以上，凝集时间为30～120min，沉淀时间为120～480min；处理过的水透明度高、水质好，无金属离子的水相转移，无毒、无害、无残留，安全可靠。

（4）粉末状复合化　采用特殊工艺使得剂型粉末状复合化，复合化带来多能高效，粉末状便于产品贮存、包装和运输，从而降低了产品的综合成本。

（5）限制条件少、适应性强　能广谱、高效地去除各类污染和有害物质，对污水的高污浊浓度、宽pH值范围、宽污水温度变化，具有很强的适应性。本产品能处理污浊浓度达50%的污水。而常用水处理剂，如PAC絮凝剂只能处理污浊浓度为5%以下的污水。本产品能处理pH值为4～14范围内的污水，而PAC絮凝剂只能处理pH值为6～9范围内的污水。本产品能处理液温在5～60℃范围内的污水，而PAC絮凝剂只能处理液温在10～40℃范围内的污水。

（6）碱化度高、腐蚀性小　本产品碱化度比其他铝盐、铁盐高，对设备的侵蚀和腐蚀性小。在对污水进行絮凝作用时，金属阳离子与水反应会产生大量的H^+，会对设备产生较大的腐蚀作用，而HML中复合的CaO可以随时中和污水中存在的H^+，不仅具有助凝作用，而且能够调节pH值，使水的碱化度增高，从而有效阻止了污水处理过程对设备的侵蚀和腐蚀。

（7）本品便于生产且生产过程无污染，产品包装简单且便于运输，综合成本低。

配方 23　复合高效钻井泥浆废水处理剂

原料配比

原料	配比（质量份）	原料	配比（质量份）
硫酸铝	60	硫酸亚铁	5
含多种多价阴离子的聚合氯化铝	30	水解粉剂聚丙烯酰胺	5

制备方法 将各组分混合均匀即可。

产品应用 本品主要应用于钻井泥浆废水处理。

产品特性

(1) 由于该处理剂中有机物质含量少,因此不会造成对水的二次污染。

(2) 对钻井污水处理效果好。

(3) 使用范围广,不受温度、浊度的影响,适应 pH 值范围为 4～13,不需另加酸、碱中和,且都能形成粗大的絮体。

配方 24 复合含酚废水处理剂

原料配比

原料	配比(质量份)		原料	配比(质量份)	
	1#	2#		1#	2#
双丁二酰亚胺	4	2	亚硫酸盐	12	18
氢氧化钠	17	15	煤油	25	23
乙二醇	15	16			

制备方法 将各组分混合均匀即可。

产品应用 本品主要应用于废水处理。

产品特性 本品配方合理,使用效果好,生产成本低。

配方 25 复合净水剂

原料配比

原料	配比(质量份)	原料	配比(质量份)
水	990	絮凝剂聚丙烯酰胺	0.01
矿渣	1000	双氧水	25～30
硫酸	810		

制备方法

(1) 先将水加入反应釜内,再将矿渣倒入,加入硫酸,密闭自然反应 2h;反应物内加入上述同等量的水进行稀释,将稀释后的反应物排入沉降槽,加入少量絮凝剂自然沉降,沉淀 2～4h,固液分离,清液 pH 值控制在 2 左右。

(2) 将步骤(1)所得清液打入聚合容器,根据 Fe^{2+} 含量加入双氧水,双氧水由容器底部喷洒进入清液,与清液快速氧化聚合,使 Fe^{2+} 含量≤20%,即得聚合硫酸铝铁成品液(红褐色黏稠透明液体)。

将提取成品液后的物料进行水洗,二次洗水可加入反应釜内与硫酸反应,一次洗水可用于稀释反应物,洗液复用,渣排放入渣场。

(3) 上述聚合硫酸铝铁成品液经蒸发脱水,波美度控制在 58～60°Bé,出料后自然结晶,然后破碎成粒状或粉状,即得固体聚合硫酸铝铁(红褐色固体)。

产品应用 本品可用于处理生活用水、工业废水、城市污水,对各种污水中的 COD、BOD、悬浮液、色度、微生物等都有良好的去除效果。

产品特性 本品以废渣为原料,生产成本低,工艺简单,便于操作,节能省电,不产生二次污染,生产效率高;本品中铝、铁复合,具有絮凝体形成速度快、絮团密度大、沉降速度快等特点,处理污水效果优于单质产品。

配方 26　复合水处理剂

原料配比

原料	配比（质量份）		
	1#	2#	3#
聚合氯化铝	30	40	—
聚合硫酸铝	—	—	20
硅藻土	40	40	50
沸石	20	10	20
漂白精粉	5	7	6
铁屑	5	3	4

制备方法　将上述各组分在常温下进行混合即可。

产品应用　本品广泛适用于生活污水处理、医院污水处理、造纸污水处理、印染废水处理、屠宰废水处理等水处理工程。

产品特性　本品以天然物质和化学物质复合而成，利用聚合铝盐在污水中良好的絮凝作用，进一步使硅藻土、沸石及其吸附物快速凝聚沉积，靠吸附、凝聚、离子交换等功能去除水中的污染物，水处理效果好。

本品处理负荷大，用量少，适用范围广泛，可降低水处理运行成本。

配方 27　复合型水处理剂

原料配比

原料	配比（质量份）	原料	配比（质量份）
钠基膨润土	75	硫酸铝	10
硫酸铁	10	硫酸镁	5

制备方法　将各组分混合均匀即可。

产品应用　本品可用于处理多种工业废水，如造纸废水、印染废水、电镀废水和城市中水等。

产品特性　本品原料易得，配比及工艺科学合理，在保证充分活化作用的同时，提高在活化过程中产生的铝、镁等具有絮凝效应的金属离子的浓度，得以在水处理过程中发挥协同作用，从而增强水处理剂的去污能力，同时解决制备工艺过程中产生的二次污染。

膨润土作为吸附剂，原料丰富，价格低廉，再生方便，因而污水处理的成本较低。

配方 28　复合膨润土水处理剂

原料配比

原料	配比（质量份）	原料	配比（质量份）
钠基膨润土	48～70	磁性物质	6～10
硅藻土	8～15	壳聚糖	5～7
沸石	8～15	聚丙烯酰胺	3～5

制备方法

（1）将钠基膨润土、硅藻土、沸石和磁性物质混合后，加水配成 8%～10% 的悬浮液；

(2) 将壳聚糖加水配制为 1‰～2‰的壳聚糖溶液,将壳聚糖溶液加入到步骤 (1) 所得的悬浮液中,在 45～55℃下搅拌 4～5h,冷却至室温后,用水洗涤、抽滤、烘干、粉碎并过筛后得到粉末状物质;

(3) 将聚丙烯酰胺加水配制为 1‰～2‰的聚丙烯酰胺溶液,将步骤 (2) 所得的粉末状物质加入到聚丙烯酰胺溶液中,在 50～55℃下搅拌 4～5h,冷却至室温后经离心分离、水洗涤、抽滤、真空干燥至恒重,最后粉碎过筛后制得粉末状的复合水处理剂。

原料介绍 所述的钠基膨润土、硅藻土和沸石为天然矿物产品。

所述的钠基膨润土、硅藻土和沸石的颗粒粒度大小为 150～200 目。

所述的磁性物质为比磁化系数 $\chi_0 > 12.6 \times 10^{-8} \mathrm{m}^3/\mathrm{kg}$、粒度小于 $100\mu\mathrm{m}$ 的氧化铁化合物,优选为气态溶胶凝聚状、干态棕红色粉末状的 $\gamma\text{-Fe}_2\text{O}_3$。

所述的复合水处理剂在去除水中颗粒悬浮物、重金属或有机污染物中有重要应用,特别是作为吸附剂在反渗透膜系统的预处理阶段中有重要应用。

本品利用矿物材料具有吸附、离子交换、催化等多功能特性,优选采用三种不同表面及孔径特征的天然矿物钠基膨润土、硅藻土以及沸石,并通过添加的磁性物质、壳聚糖和聚丙烯酰胺对这三种天然矿物进行改性作用后,制备出一种新型复合水处理剂,强化了吸附过程的物理吸附、吸附质的迁移扩散,从而加快吸附平衡速度,吸附性能得到明显提高。本品对有机污染物和重金属的吸附性能显著提高,对苯酚有显著的吸附作用,能有效地降低水中电解质的浓度,克服传统矿物在水处理过程中功能单一、处理效果差的问题,无论是在吸附质的种类和吸附量上均体现了与使用单一组分或各组分叠加功能上的显著差别。

此外,本品添加的磁性物质为通过采用磁场强度为 1000～1500Gs 的磁铁块从钢铁厂所排放的烟尘中分离出磁性物质,在复合水处理剂的应用时,该磁性物质还能起到强化吸附、赋予沉淀物磁性特征的作用,当利用外磁场对该磁性物质作用时就能实现沉淀物(或悬浮物)与水体的快速分离,使本品在去除水中颗粒悬浮物和有机污染物方面,特别是作为吸附剂在反渗透膜系统的预处理阶段中的应用方面具有广阔的应用前景。

产品应用 本品主要应用于污水处理。

产品特性

(1) 本品制备方法简单,材料来源广泛。

(2) 本品在去除水中的重金属离子和有机污染物的同时,还能起到降低水中电解质浓度和借助于磁滤法进行快速固液分离的作用,可作为反渗透系统预处理工艺中的重要材料,有助于提高反渗透系统的产水率,降低反渗透系统的工作压力。

配方 29 复合水处理药剂

原料配比

原料	配比(质量份)	原料	配比(质量份)
次氯酸盐溶液	10～30	硅酸钠或高碘酸盐	1～10
高锰酸盐	0.3～45	氢氧化钠或氢氧化钾	10～30
高铁酸盐	0.3～45		

制备方法 向次氯酸盐溶液中缓慢加入氢氧化钠或氢氧化钾，进行搅拌 45～70min 后，向上述混合溶液中依次缓慢加入高铁酸盐和高锰酸盐，进行搅拌，等完全溶解后，再缓慢加入硅酸钠或高碘酸盐，搅拌 15～30min，静置 0.5h 后，过滤即得。制备过程中，混合溶液的温度控制在 15～25℃。

原料介绍 所述次氯酸盐溶液为次氯酸钠溶液或次氯酸钾溶液；所述高锰酸盐为高锰酸钾或高锰酸钠；所述高铁酸盐为高铁酸钾或高铁酸钠；所述高碘酸盐为高碘酸钠或高碘酸钾。

所述高锰酸盐占次氯酸盐溶液总质量的 10%～20%，所述高铁酸盐占次氯酸盐溶液总质量的 10%～20%。高铁酸盐与高锰酸盐二者比例为 1：1。

产品应用 本品主要应用于污水处理。

产品特性 本品可以根据不同水质的处理要求，将高锰酸盐与高铁酸盐按不同比例混合联用，极大地提高了应对不同水质的能力，充分发挥了它们之间的协同作用，消除了各自的不足，增强了去除水中氨氮、有机物、锰离子、臭味和色度的能力，大大提高了水处理效果，降低了水处理成本。

本品配制的混合溶液具有能够长期稳定保存、工艺方法简单、使用方便的特点，与单纯使用高铁酸盐相比，增强了吸附、絮凝的作用，加强了去铁去锰的能力，特别是对锰离子的去除能力，大幅降低了水处理成本；与单纯使用高锰酸钾相比，提高了对浊度、色度、COD_{Mn} 和 UV254、氨氮的去除效果，特别是对氨氮的去除能力。本品降低了使用过程中对投加量要求的精准程度，不容易产生色度超标问题，提高了水处理的安全性。

配方 30 复合天然微孔材料污水处理剂

原料配比

原料	配比（质量份）				
	1#	2#	3#	4#	5#
硅藻精土	240	200	200	240	280
沸石（A 型）	112	140	140	160	120
膨润精土	48	60	60	—	—
CTAB	0.6	0.6	—	—	—
TMAB	0.4	0.4	—	—	—
SDS	—	—	4	20	—
PFC	—	—	—	—	8
无水乙醇	2（体积份）	2（体积份）	8（体积份）	—	—
PAC	—	—	16	16	—

制备方法

（1）将硅藻精土、沸石（A 型）、膨润精土置于高速捏合机中，搅拌 10～15min，其间加热至 90～120℃，配制成改性剂。

（2）将配制好的改性剂加入到高速捏合机中，继续加热搅拌 15～20min；采用无水乙醇稀释 CTAB、TMAB；SDS 用乙醇配制成质量分数为 40%～45% 的溶液；PAC、PFC 采用干粉直接加入。

采用该污水处理剂处理污水的原理：天然微孔材料污水处理剂，经加水预先搅拌后，加入到污水池中，在高速搅拌或吸污水的泵机叶片旋转下分散于水体中，微孔污水处理剂表面的不平衡电位中和悬浮离子的带电性，使其相斥电位受到减弱，而与污水处理剂形成絮团或凝聚成大的絮花，由于材料有巨大的比表面积、孔体积及较强的吸附力，能将污水中的微细物质吸附到微孔材料表面及孔隙内部。絮团颗粒借重力沉降作用迅速沉淀至池底，并与处理后的清洁水体分离，沉渣呈饼状袋装取走。处理污水后获得的沉渣，可再利用或回收其中的微孔材料。

其基本作用为中和、絮凝、吸附、过滤等。

(1) 中和作用　改性的天然微孔材料污水处理剂表面带有不平衡电位，在污水中能与带电污染物中和，打破原来的平衡电场，减弱带电污染物间的斥力，促使水中的带电污染物沉降聚拢，并附在微孔材料表面，借助重力沉降，与水体分离。

(2) 絮凝作用　根据水质不同配制的天然微孔材料污水处理絮凝剂，在污水水体中能够较迅速地捕获污染物，以高效活性天然微孔污水处理剂为核心，形成牢固的絮凝团，借助高效活性天然微孔污水处理剂有较大的密度而沉降，与水体分离。

(3) 吸附作用　高效活性天然微孔污水处理剂的纳米微孔结构，具有卓越的吸附能力，能把水体中的絮凝团、菌类、病毒和细微颗粒吸附到硅藻精土表面，形成较大的链式或团式结构，借助重力沉降分离。

(4) 过滤作用　高效活性天然微孔污水处理剂在特定的装置设备中能形成一定厚度的渣层，污水必须经过该渣层才能排出，如同过滤啤酒一样，使污水中大的病毒、菌类、絮凝团、颗粒在此过程中被截获，随渣排出。

产品应用　本品主要应用于污水处理。

产品特性　本品是由天然微孔材料加工制成的，材料廉价，污水处理运营成本低；天然微孔材料对水体具有良好的渗透性，污泥可压滤成饼，避免污泥的二次污染；不同孔径的天然微孔材料的组合对细菌、真菌、原生物等污染物的富聚作用，使污水处理剂在起过滤、絮凝作用的同时，可作为消化细菌等微生物的载体，对于难降解、难生化、含抗生素的污水处理效果显著。

配方 31　改性红辉沸石净水剂

原料配比

原料	配比(质量份)		
	1#	2#	3#
红辉沸石	2	2	2
氯化镁	1	3	—
氧化镁	—	—	2
氯化铝	1	2	—
硫酸铝	—	—	1
碱溶液	适量	适量	适量

制备方法

(1) 将红辉沸石粉碎至 20～60 目，并与含镁的化合物和含铝的化合物混合均匀。

(2) 在步骤 (1) 的混合物中加入碱溶液，将其 pH 值调节到 6～8，并使混合物呈胶体状态，所述的碱溶液可以是氢氧化钠或氢氧化钾溶液。

(3) 将步骤 (2) 的混合物进行干燥、晶化，即得改性红辉沸石净水剂。所述干燥温度一般为 80～100℃，最好为 90℃；在晶化时温度一般控制在 240～300℃，最好为300℃，晶化时间一般为1～3h，最好为1.5h。

产品应用 本品可用于处理生活污水中的COD，去除率大于75％；也可用于处理污水中的有毒物质Cr^{6+}，去除率大于95％。

产品特性 本品原料中的红辉沸石的贮量大，价格便宜，将其改性处理的生产工艺比较简单，不需任何复杂、大型的设备，因此其生产成本低廉，完全可以进行工业化批量生产。

配方 32 改性有机膨润土负载纳米铁水处理剂

原料配比

表 1 有机膨润土

原料	配比（质量份）
膨润土	20
十六烷基三甲基溴化铵	10
水	100（体积份）

表 2 有机膨润土负载纳米铁水处理剂

原料	配比（质量份）
改性有机膨润土	6
纳米铁	4

制备方法

(1) 在100mL水中加入膨润土、十六烷基三甲基溴化铵，在70℃水浴中搅拌1.5h，离心分离，固体物质用去离子水洗涤3次，置于70℃干燥至恒重，研磨过100目筛，然后在115℃下活化2h，得到粉状有机膨润土。

(2) 将有机膨润土加入到0.05mol/L的硫酸亚铁水溶液中，混合均匀后继续搅拌6h，缓慢滴入0.1mol/L的硼氢化钠水溶液中，滴完后继续搅拌1h，过滤，固体物经洗涤、干燥，制得改性有机膨润土负载纳米铁水处理剂。

产品应用 本品主要应用于还原降解有机污染物及去除重金属离子的污染物。

产品特性 首先，本品可以提高对有机污染物、重金属离子的去除率，与单纯纳米铁相比，改性有机膨润土负载纳米铁对污染物的去除率明显提高；其次，改性有机膨润土负载纳米铁可以在更广的介质pH范围内去除污染物，在酸性、中性至碱性介质中都能达到很高的去除率；再次，将纳米铁负载到改性有机膨润土上，可以减少纳米铁在处理污染物过程中的损失；最后，还可以降低纳米粒子在使用过程中的生物毒性。

配方 33 钢铁废水处理剂

原料配比

原料	配比（质量份）	
	1#	2#
硫酸铝	36	40
聚丙烯酰胺	0.3	0.4
尿素	4	5

制备方法 将各组分混合均匀即可。

产品应用 本品主要应用于钢铁废水处理。

产品特性 本品配方合理，使用效果好，生产成本低。

配方 34　高分子污水处理剂

原料配比

原料	配比(质量份)				
	1#	2#	3#	4#	5#
聚合硫酸铁	20	20	25	26	30
过硫酸钾	20	22	25	26	30
硫酸铝	20	23	20	24	30
聚丙烯酰胺	1	5	5	6	10
水	加至100	加至100	加至100	加至100	加至100

制备方法　取一定量的水按以上配比加入聚合硫酸铁、过硫酸钾、硫酸铝、聚丙烯酰胺，在室温下搅拌均匀（约10min），充分溶解即可使用。

产品应用　本品主要应用于采油厂污水处理。

产品特性

（1）针对采油厂废水，沉淀效果好，出水水质好，处理成本低。该水处理剂适用于采油厂的含油污水。污水中加入该药剂后，悬浮物立刻絮凝，生成的矾花大，沉淀快速，效率高，絮团强度高，疏水性能好，利于压滤，压滤后的滤饼含水率低，质量好。

（2）无腐蚀性　该药剂处理后溶液的pH值在6.5～8.0，近似于中性，不含Cl^-，当处理水回用后，能有效地保护水体系中的钢结构，使其免遭腐蚀，因此每年可以减少大量的设备维修费。

（3）无毒性　该污水处理药剂纯度高、无杂质、无粉尘，水溶液清澈透明。该药剂无毒性，对操作工人无影响，处理后水无二次污染等问题。

配方 35　高氯水处理剂

原料配比

原料	配比(质量份)		原料	配比(质量份)	
	1#	2#		1#	2#
六偏磷酸钠	17	13	硫酸锌	8	6
聚马来酸	4	2	乙醇	5	8
羟基亚乙基二膦酸盐	3	5			

制备方法　将各组分混合均匀即可。

产品应用　本品主要应用于废水处理。

产品特性　本品配方合理，使用效果好，生产成本低。

配方 36　高浓度 PAM-铝锌铁复合水处理药剂

原料配比

原料	配比(质量份)							
	1#	2#	3#	4#	5#	6#	7#	8#
镀铝锌渣	7	11	15	8	7	11	15	8
硫酸溶液	12	17	24	14	12	17	24	14
氢氧化钠溶液	8	14	19	7	8	14	19	7
聚丙烯酰胺溶液	6.2	6.4	13	3.5	6.2	6.4	13	3.5
氢氧化钠溶液	6	13	21	23	6	13	21	23

制备方法

（1）采用湿法将镀铝锌渣破碎为中块渣或细块渣样品；

（2）在温度为70～100℃及搅拌速度为200～600r/min的条件下，将硫酸溶液（质量分数为50%～80%）加入到上述块状样品中浸取2～7h，然后采用10～20cm厚度的石英砂过滤，控制过滤温度为55～100℃，得到滤液，待用；

（3）在温度为45～75℃及搅拌速度为400～800r/min的条件下，将氢氧化钠溶液（质量分数为40%～50%）加入到上述滤液中，将pH值调节为2～4，停止搅拌，进行聚合反应，聚合时间为0.25～0.5h，制得无色液体半产品；

（4）在温度为35～45℃及搅拌速度为400～800r/min的条件下，将聚丙烯酰胺溶液（质量分数为0.25%～0.65%）与上述无色液体半产品混合，然后加入氢氧化钠溶液（质量分数为10%～20%），将pH值调节为2～4，停止搅拌，进行聚合反应，聚合时间控制为2～5h，制得淡土黄色或淡棕红色液体产品；

（5）采用转桶烘干方法或逆向接触喷雾干燥方法将上述液体产品固化，制备成淡棕黄色或棕黄色固形产品，前者热空气进口温度控制为110～140℃，后者热空气进口温度控制为110～130℃，热空气流量控制为170～300m³/h。

产品应用 本品主要应用于污水处理。

产品特性

（1）本品以工业固体废弃物镀铝锌渣为主要原料，以聚丙烯酰胺为添加剂，制备稳定性较好、浓度较高、除污染效率较优异的PAM-铝铁锌复合水处理药剂，污泥生成量较少。

（2）本品采用高浓度硫酸溶液对镀铝锌渣进行浸取，避免液体产品含水率较高的缺陷，降低了固化成本。

（3）本品采用高浓度与低浓度氢氧化钠溶液分步添加方式对浸取液进行聚合，首先采用高浓度氢氧化钠溶液对金属阳离子进行半聚合之后，再与低浓度聚丙烯酰胺溶液混合，然后再加入低浓度氢氧化钠溶液进行共聚反应，避免了聚丙烯酰胺与金属阳离子作用而生成黏稠的凝胶。

（4）本品采用常压制备，反应釜温度要求为35～100℃，制备工艺简单，制备设备成本低。

（5）本品具备铝盐脱除胶体物质，铁盐脱除有机物质、重金属等污染物，锌盐强絮凝能力的同时，也具备PAM的强化絮凝及沉淀能力，污泥产生量比传统无机水处理药剂低15%～35%，比高分子无机水处理药剂低10%～30%。

配方 37 高浓度含磷废水用水处理剂

原料配比

原料	配比（质量份）			
	1#	2#	3#	4#
乙二胺四亚甲基膦酸	20	40	25	30
水解马来酸酐	25	15	18	16
羟基亚乙基二膦酸	15	15	18	16
氨基三亚甲基膦酸	10	10	13	12
聚丙烯酰胺	15	10	12	13
氧化铝	5	5	8	6
硫酸铜	10	5	6	7

制备方法

（1）在反应釜中加入液体乙二胺四亚甲基膦酸和水解马来酸酐液体，常温条件下均匀搅拌 20～40min；

（2）加入羟基亚乙基二膦酸和氨基三亚甲基膦酸，搅拌 15～25min，放置 1～2h；

（3）升温至 30～45℃时依次添加硫酸铜、氧化铝、聚丙烯酰胺进行中和并均匀搅拌；

（4）降温，待反应釜内温度降至常温时出料。

产品应用　本品主要应用于高浓度含磷废水处理。

产品特性　使用本品作为水处理剂处理后的工业废水，完全达到国家排放标准。

配方 38　高效 COD 去除剂

原料配比

原料	配比（质量份）				
	1#	2#	3#	4#	5#
硫酸铝	20	20	25	25	20
硫酸铁	25	30	25	30	25
水玻璃	5	5	7.5	10	5
高锰酸钾	20	15	12.5	10	15
水	30	30	30	25	35

制备方法　将硫酸铝、硫酸铁和水玻璃溶解于 40～50℃ 的水中，分多次加入高锰酸钾进行聚合反应，反应 2～6h（优选为 3～4h）后，再升温至 75～85℃ 熟化 8～12h，过滤，得到高效 COD 去除剂。

熟化温度选取 75～85℃，优选为 80℃。熟化温度过低达不到熟化要求，反应不充分；温度过高则有其他副反应发生，容易影响产品的性能，且增加了反应容器的负荷，缩短了反应容器的寿命。过滤通过的孔径为 200～800 目。

原料介绍　本品高效 COD 去除剂主要成分为含硅聚合硫酸铝铁，利用其强氧化性破坏并改变废水中稳定的化学分子结构，并且集电中和、絮凝、吸附、架桥、卷扫及共沉淀等多功能于一体，处理成本低，在大幅度去除有机污染物的同时，极大地提高了废水的可生化性，从而达到有效降解 COD 的目的。

产品应用　本品主要应用于高浓度的有机工业废水和城市污水的处理。

使用方法：在废水处理时直接投加（固体先用适量水稀释）或者先稀释到相应的浓度后再投加，稀释浓度不低于 10%。在废水处理中的投加剂量为每升废水投加 100～600mg。

产品特性　本品投加量少，大大降低污泥的产生量和污泥处理成本，是一种高效、高性价比水处理化学品，尤其适用于有机物浓度大、毒性高、色度高、难生化废水的处理，可大幅度地降低废水的色度和 COD，提高废水的可生化性。本品广泛应用于印染、化工、电镀、制浆造纸、制药、洗毛、农药等各类工业废水的处理及处理水回用工程。

配方 39　高效水处理剂

原料配比

原料	配比（质量份）		
	1#	2#	3#
废铁屑	1000	1000	1000
粉末活性炭	250	—	—

原料	配比（质量份）		
	1#	2#	3#
粒状活性炭	—	400	—
柱状活性炭	—	—	300
钠基膨润土	300	400	200
锯末粉	50	150	200
水	300	250	200

注：所用废铁屑直径 1# 为 3~10mm，2# 为 2~8mm，3# 为 3~8mm。

制备方法

(1) 将直径为 2~10mm 的废铁屑与活性炭、钠基膨润土、锯末粉充分混合后，加水调匀；

(2) 将步骤 (1) 中的混合物放在温度为 100~150℃ 的恒温箱中保温 2~3h；

(3) 将步骤 (2) 处理后的混合物移到马弗炉中，逐渐升温至 400~500℃，保温焙烧 2~10h；

(4) 取出经步骤 (3) 处理的混合物，冷却、研磨、筛分，留取 40~60 目颗粒，即得产品。

产品应用　本品广泛应用于石油化工、印染、造纸、重金属、制药等行业的废水处理。

产品特性　本品充分利用钠基膨润土的离子交换性、吸附脱色性和黏结性，以及锯末粉烧结物的多孔性，使得制备的处理剂在处理废水时，对 COD、重金属和色度去除率比普通 Fe/C 微电解水处理剂高 15%~35%；成本低廉，制备工艺简单，充分利用机械厂的废铁屑，达到"以废治废"的目的，有利于环境保护和降低成本。本污水处理剂经高温活化后，可以重复使用，进一步降低了使用成本。

配方 40　高效污水处理剂

原料配比

原料		配比（质量份）				
		1#	2#	3#	4#	5#
十水碳酸钠		10	—	—	—	—
无水碳酸钠		—	10	15	10	10
十水磷酸三钠		50	—	—	—	—
无水磷酸三钠		—	50	55	50	50
液体硅酸钠		40	—	—	—	—
固体硅酸钠		—	30	35	30	30
表面活性剂	烷基苯磺酸钠	20	—	—	—	—
	十二烷基苯磺酸钙	—	20	25	15	20
自来水		20	20	25	20	30

制备方法　将水与硅酸钠加入到带夹套的反应釜内，控制温度为 75~80℃ 之间，搅拌 1~1.5h，使硅酸钠全部溶解成胶状；降温至 30℃，边搅拌边加入碳酸钠和磷酸三钠，在温度自然上升的情况下控温至 75~80℃，继续搅拌 0.5h，降温至 20~25℃ 时加入表面活性剂，再继续搅拌 0.5h 后边搅拌边出料，冷却干燥，粉碎后即得成品。

产品应用　本品可用于处理各种工业、生活污水。

产品特性 本品原料易得，配比科学，工艺简单；产品无毒、无味、性能稳定，使用方便，处理效果好，处理成本较低。

配方 41 高浊度水处理剂

原料配比

原料	配比（质量份）		
	1#	2#	3#
聚二甲基二烯丙基氯化铵	1	1	1
聚氯化铝铁	5	10	50
水	94	89	499

制备方法 在常温下先用水溶解聚二甲基二烯丙基氯化铵，慢速搅拌，缓慢溶解，待完全溶解后再加入聚氯化铝铁一起溶解。控制溶解强度，适当延长溶解时间，便可获得该产品。

原料介绍 所述的聚二甲基二烯丙基氯化铵（简称 HCA 或 PDADMA），是由二甲基二烯丙基氯化铵均聚而成的高分子阳离子聚电解质，为白色或无色胶液，胶液中聚二甲基二烯丙基氯化铵的含量为 38%～41%，特性黏度在 $100～180cm^3/g$ 之间，单体≤0.5%，阳离子度≥85%。

所述聚氯化铝铁（简称 PAFC）为固体，其中铝的含量以 Al_2O_3 表示，为 28%～31%，铁的含量以 Fe_2O_3 表示，为 1%～8%，盐基度含量在 50%～95% 之间。

产品应用 本品主要应用于水处理。

产品特性 本品既有有机絮凝剂强大的网络架桥功能，又有无机絮凝剂强大的脱稳、絮凝、降低余浊等功能，该药剂复配出的产品同时具有聚铝、聚铁和聚二甲基二烯丙基氯化铵三种高分子水处理剂的共同优点，是处理高浊度水、有污染水或应急水的良好药剂。由于铁盐的密度远比铝盐要大，由铁盐生产的水处理剂，絮凝后沉淀速度更快，余浊更清，所以本品采用聚氯化铝铁与聚二甲基二烯丙基氯化铵进行复配，可广泛适用于水处理领域，能很好地处理高浊度水，生活废水，以及石油、造纸、采矿、纺织、印染、日用化工等领域的废水。

配方 42 工业废水处理高效复合混凝剂

原料配比

原料	配比（质量份）	原料	配比（质量份）
高铝水泥	150	含 HCl 10% 的电镀废酸	300
铝灰	30	含 HCl 33% 的工业盐酸	114
污泥灰	3	清水	403

制备方法

（1）将高铝水泥、铝灰、污泥灰混合均匀放入反应槽内，再将含 HCl 8%～12% 的电镀废酸慢慢加入，边加边搅拌，搅拌速度由慢到快，控制在 30～70r/min。

（2）当反应槽内的温度上升为 50～60℃时，开始慢慢加入含 HCl 30%～35% 的工业盐酸，同时不停地搅拌，当反应槽内混合物呈稠状时，搅拌速度为 60～80r/min，当温度上升为 100～110℃时，停止加入工业盐酸，继续搅拌，当温度下降为 100～90℃时，再慢慢加入工业盐酸，加完后，继续搅拌 50min，使反应槽内的混合物充分反应聚合。

（3）当温度降到 80~90℃时，视其混合物的稠度加入清水，控制相对密度为 1.25~1.3，温度控制在 80~85℃，加入清水，进行匀速搅拌，搅拌速度为 30~40r/min。

（4）检查混合物的 pH 值，加石灰或盐酸调节 pH 值至 3~3.5，搅拌均匀。

（5）反应槽内的温度降到 50~70℃时，每隔 10min 搅拌 2min，搅拌 4~6 次，使其混合物充分反应后，停止搅拌，聚合 2~3h，自然降温至室内温度。若室内温度低于 5℃时，配备加热蒸汽，对反应槽进行保温。

产品应用　本品主要应用于多种工业废水处理。

产品特性　本品有效地利用了高铝水泥中具有活性的 Al_2O_3 能被酸溶出，电镀酸洗废盐酸中含有大量的铁离子及多种金属离子，经聚合反应后，聚铁离子具有多核络合离子的主体聚合结构，而酸溶出的铝形成聚合态后，能在水中快速水解，产生高效能的多核羟基络合离子，在工业废水的净化过程中，它们既有快速中和悬浮离子表面电荷的能力，又能在悬浮离子之间起架桥吸附作用，捕集和裹挟胶体离子快速共沉，具有去除硝基苯、酚类有机物质，脱色，降低废水中的 COD、BOD 的功能，对硫化物去除有特效，有混凝效果好、净化能力强、用药量少、处理完全、价格低廉、操作简便、易于工业化生产等特点。

配方 43　工业废水处理剂

原料配比

原料	配比（质量份）		原料	配比（质量份）	
	1#	2#		1#	2#
高岭土原矿	100	120	氢氧化钾	20	30
六偏硫酸钠	5	10	氯化镁	10	20
硫酸钠	10	20	水	100	150

制备方法　将各组分混合均匀即可。

产品应用　本品主要应用于工业废水处理。

产品特性　本品原料易得、制备方法简单、成本低廉、使用时操作方便，具有无毒、无害、处理污水效果好的优点。

配方 44　工业废水处理用高效捕镉剂

原料配比

原料	配比（质量份）			
	1#	2#	3#	4#
硫酸亚铁	20	15	10	25
碳酸钠	13	15	20	18
聚合硫酸铁	27	30	30	20
水	40	40	40	37

制备方法　将硫酸亚铁充分溶解于水中（温度较低时可用热水溶解），然后再分别加入碳酸钠和聚合硫酸铁，混匀后过滤，除去滤渣，便得到高效捕镉剂。

产品应用　本品主要应用于工业废水处理。

使用方法：先将原水 pH 值调至 9.0~10.0；然后将捕镉剂配制成质量分数为 5% 的水溶液后加入到含镉的原水中，充分搅拌；最后把原水的 pH 值调回到 7.0~8.0，静置 30min 以上，分层，除去下层的泥渣。

产品特性 本品对重金属镉污染的去除主要利用化学法,对于高、低浓度的含镉废水都能够有效去除,使废水中的重金属镉能够达标排放。

配方 45 工业废水处理用高效捕铬剂

原料配比

原料	配比(质量份)			
	1#	2#	3#	4#
硫酸亚铁	15	17.5	20	10
硫酸铝	20	20	15	25
聚合硫酸铁	25	22.5	25	30
水	40	40	40	35

制备方法 将硫酸亚铁充分溶解于水中(温度较低时可用热水溶解),然后加入硫酸铝和聚合硫酸铁,混匀后过滤,所得滤液便是高效捕铬剂(简称 HD-Cr)。

产品应用 本品主要应用于工业中含铬废水的处理。

使用方法:将上述高效捕铬剂制成质量分数为 4% 的水溶液,加入到含铬的废水中,充分搅拌;然后把废水的 pH 值调到 8.0~9.0,静置 30min 以上,分层,过滤下层的泥渣。

产品特性 本品对重金属铬污染的去除主要利用化学法,对于高、低浓度的含铬废水都能够有效去除,使废水中的重金属铬能够达到排放。

配方 46 工业废水处理用高效捕锌剂

原料配比

原料	配比(质量份)			
	1#	2#	3#	4#
硫酸铝	20	25	15	25
硫酸亚铁	20	17.5	15	10
硫化钠	10	12.5	15	5
聚合硫酸铁	18	15	20	25
水	32	30	35	35

制备方法 将硫酸亚铁充分溶解于水中(温度较低时可用热水溶解),然后分别加入硫酸铝、硫化钠和聚合硫酸铁,混匀后过滤,除去滤渣,便得到高效捕锌剂。

产品应用 本品主要应用于工业废水处理。

使用方法:先把废水的 pH 值调到 8.0~10.0,将上述高效捕锌剂制成质量分数为 5% 的水溶液,加入到含锌的废水溶液中,充分搅拌,静置 30min 以上,分层,过滤下层的泥渣。

产品特性 本品对重金属锌的去除主要利用化学沉淀法,在废水中加入高效捕锌剂,再通过絮凝沉降和过滤,使废水中的总锌含量下降到废水规定的排放标准。

配方 47 工业污水处理剂

原料配比

原料	配比(质量份)	原料	配比(质量份)
钠基膨润土	29	高岭土	11
铁粉	14	光卤石	11
铝灰渣	10	浓盐酸	25

　　制备方法　将钠基膨润土、铁粉、铝灰渣、高岭土、光卤石放入反应釜中，并通过搅拌机搅拌混合，然后通过高位槽将浓盐酸徐徐加入，并通过搅拌机不断搅拌，待其反应完毕并搅拌均匀后装入贮存罐中即得产品。

　　产品应用　本品适用于各种不同的工业污水的处理。

　　产品特性　本品投资少、成本低、简单易行；具有较强的污水处理能力，用量少，使用时产生的残渣较少，无二次污染；如果污水浓度较高（化学耗氧量大于2000mg/L 时），可与氧化剂（4‰～5‰）配合使用，效果更佳，经其处理的工业污水均能达到排放标准。

配方 48　工业污水高效处理剂

原料配比

原料	配比（质量份）														
	1#	2#	3#	4#	5#	6#	7#	8#	9#	10#	11#	12#	13#	14#	15#
聚丙烯酰胺	25	15	20	—	—	28	30	23	8	7	12	10	30	20	30
聚丙烯酸酯	—	—	—	25	30	—	—	—	—	—	—	—	—	—	—
NNO	—	—	—	—	—	—	—	—	7	6	9	8	—	—	—
硫酸铝铵	—	—	—	—	—	—	—	—	5	6	—	9	—	—	—
工业食盐	15	20	20	22	28	25	35	20	—	—	—	—	—	—	—
氯化镁	—	—	—	—	—	—	—	—	—	—	—	—	30	25	25
60%的氨水	—	—	—	—	—	—	—	—	—	—	—	—	20	25	28
甲胺（催化剂）	15	15	18	—	25	20	30	16	—	—	—	—	—	—	—
硫酸镁	—	35	—	—	—	30	—	25	6	—	20	—	—	—	—
硫酸钾	—	25	—	—	—	—	30	—	—	—	5	—	—	—	—
四硼酸钠	—	—	20	—	—	—	18	—	—	—	—	—	—	—	—
硼酸	—	—	—	—	—	—	30	—	—	—	—	—	—	—	—
卤砂	—	—	—	15	—	—	20	—	—	—	—	—	—	—	—
水	70	65	55	70	75	80	85	75	60	70	80	75	55	60	70

　　制备方法　将各组分按比例配料，反应在反应罐中进行，反应温度控制在40～70℃，经聚合反应后即得产品。

　　在制备时，可根据需要加入一些其他添加剂，如消毒剂、脱色剂、除臭剂、防腐剂、增香剂等，以改善产品的使用性能。

　　产品应用　本品主要用于造纸废水的处理，也可以用于皮革、印染、化工、医药、冶炼、电镀、石油等工业污水的处理，还可用于生活污水的处理。

　　本品在应用时，与净水剂配合使用效果更好。普通的净水剂都可应用，如聚合氯化铝、聚合氯化铁、硫酸铝、硫酸亚铁、三氯化铁、碳酸钡等，可根据具体情况选择使用其中的一种或几种。

　　本品在使用前最好稀释15～25 倍左右。使用时，首先将污水黄液排入定量池中，以污水量为基准，加入0.1%～1%的净水剂，充分搅拌后，再加入0.2%～1.5%的污水处理剂，再充分搅拌。约10s～2min，污水中所有有害物质便会基本上完全絮凝沉淀或上浮，上层的清水可进行排放，甚至可以用作循环水再次使用，没有二次污染。该污水处理剂也可与净水剂同时加入至污水中，效果相同，只是反应较慢。

　　产品特性　本品原料易得，工艺简单，应用方法科学合理，使用效果显著，节约用水，有利于环境保护。

配方 49　工业环保污水处理剂

原料配比

原料	配比(质量份)				
	1#	2#	3#	4#	5#
聚丙烯酰胺	30	33	35	36	40
碳素	20	22	25	24	30
过氧化氢叔丁基	5	6	6	8	10
乙二胺四乙酸二钠	2	5	4	4	6
过硫酸钾	1	2	1	2	3
二甲基二烯丙基氢化铵	1	2	2	1.5	3
无机酸	1	2	2	1.5	3
水	加至100	加至100	加至100	加至100	加至100

制备方法　将各组分混合均匀即可。

产品应用　本品主要应用于工业污水处理。

产品特性

(1) 使用范围广，沉淀效果好，出水水质好，处理成本低。该水处理剂适用于处理煤泥水、含油污水、印染废水、造纸废水、化工废水等。污水中加入该药剂后，悬浮物立刻絮凝，沉淀快速，效率高，絮团强度高，疏水性能好，利于压滤，压滤后的滤饼含水率低，质量好。

(2) 无腐蚀性　该处理剂处理后溶液的 pH 值在 6.5~8.5，近似于中性，当处理水回用后，能有效地保护水体系中的钢结构，使其免遭腐蚀，因此每年可以减少大量的设备维修费。

(3) 环保无毒性　该污水处理剂纯度高、无杂质、无粉尘，水溶液清澈透明。该处理剂无毒性，对操作工人无影响，处理后无二次污染等问题。

配方 50　工业复合污水处理剂

原料配比

原料	配比(质量份)				
	1#	2#	3#	4#	5#
聚合氯化铝	25	30	35	38	40
PAM 助剂	0.5	0.6	0.8	1	1.5
氯化钠	2	2.5	3	4	5
绿矾	0.1	0.2	0.3	0.4	0.5
膨润土	15	16	18	19	20

制备方法　将各组分混合均匀即可。

产品应用　本品主要应用于处理染料、纺织、化工等工业废水，也可用于生活用水及生产给水的净化处理。

产品特性　本品尤其适合处理悬浮颗粒较粗、浓度较高、粒子带正电荷、水为中性或碱性的工业污水，其絮凝、净化速度快，效果好，环保无毒。

配方 51　工业高效无毒污水处理剂

原料配比

原料	配比(质量份)	原料	配比(质量份)
过硫酸钠	20	氢氧化钠片碱	1
柠檬酸	1	二次去离子水	48
肉桂醛	20		

制备方法

(1) 取原材料，检查搅拌机，加入二次去离子水；

(2) 将柠檬酸缓慢加入搅拌机内，记录搅拌时间，从开启搅拌机到柠檬酸投料结束所需时间为 5~10min；

(3) 将过硫酸钠缓慢加入搅拌机内搅拌；

(4) 常压下缓慢投入肉桂醛，控制最高反应温度小于 60℃，当反应温度上升较快时，放慢加料速度，直至加料结束，整个反应过程在 40min 内完成；

(5) 常压下缓慢投入氢氧化钠片碱，控制最高反应温度小于 60℃，当反应温度上升较快时，放慢加料速度，直至加料结束，整个反应过程在 40min 内完成，pH 值控制在 3~6 之间，停止搅拌机，产品检验包装。

产品应用　本品主要应用于工业污水处理。

产品特性

(1) 反应速率快，反应过程中无有毒有害气体产生。

(2) 反应后的生成物稳定，不会再分解成有毒物质，可直接排放污水处理场，不损害污水处理场的活性菌，对污水处理场无冲击。

(3) 高效、无毒，反应前后对人体安全，对设备无腐蚀。

(4) 高浓度包装、运输，稀释使用，方便快捷，成本低。

(5) 使用方法简便，不改动工艺流程，无须增加设备和附加材料。

配方 52　工业复配型污水处理剂

原料配比

原料	配比(质量份)				
	1#	2#	3#	4#	5#
聚丙烯酰胺	110	90	100	95	100
过氧化氢叔丁基	3	10	6	4	7
碳素	30	55	40	35	50
β-巯基乙醇	3	10	5	5	8
乙二胺四乙酸二钠	3	10	5	6	9
过硫酸钾	0.01	0.1	0.05	0.05	0.09
二甲基二烯丙基氯化铵	0.3	1	0.6	0.4	0.8
无机酸	0.3	0.8	0.5	0.5	0.5
水	0.1	1	0.4	0.6	0.7

制备方法　将各组分混合均匀即可。

产品应用　本品主要应用于工业污水处理。

产品特性　本品具有净化率高、净化迅速、环保的特点。

配方 53　固体水处理剂

原料配比

原料	配比（质量份）		原料	配比（质量份）	
	1#	2#		1#	2#
磷酸	120	100	二氧化硅	2	3
碳酸钙	5	15	硅酸钠	1	1
氧化锌	4	7	氢氧化钠	3	1
碳酸镁	4	2	氯化钠	6	8

制备方法　将各组分混合均匀即可。
产品应用　本品主要应用于污水处理。
产品特性　本品配方合理，净水效果好，生产成本低。

配方 54　含酚废水处理剂

原料配比

原料	配比（质量份）	原料	配比（质量份）
表面活性剂	5	亚硫酸盐	13
液体石蜡	10	煤油	60
氢氧化钠	16		

制备方法　将各组分混合均匀即可。
产品应用　本品主要应用于废水处理。
产品特性　本品配方合理，使用效果好，生产成本低。

配方 55　含聚采油废水处理剂

原料配比

原料	配比（质量份）				
	1#	2#	3#	4#	5#
PDMC	5	5	10	10	5
PAC	90	85	85	80	90
聚季铵盐反相破乳剂	5	10	5	10	5

制备方法　采用机械混合 PAC、有机阳离子高聚物和聚季铵盐反相破乳剂的方式制成。

原料介绍　所述有机阳离子高聚物为 PDMC，其结构式为：

所述聚季铵盐反相破乳剂的结构式为：

产品应用 本品主要应用于油田废水处理。

产品特性 本品采用复配的方法制备，工艺简单，原料易得，无不良反应，水处理剂有极强的絮凝破乳效果，有效地去除采油废水中含有的杂质和乳化油，处理效果明显。对聚合物采出水中的悬浮物和残余油有高效脱稳、强絮凝及破乳能力，用量少，成本低。

配方 56 环保型水处理缓蚀阻垢剂

原料配比

原料	配比（质量份）											
	1#	2#	3#	4#	5#	6#	7#	8#	9#	10#	11#	12#
马来酸酐	33.7	25.5	70.5	43	47.9	48.9	59.3	24.6	14.8	12	10	9
焦亚硫酸钠	57	34.6	110.1	62.2	64.8	62	73	29.4	17.2	13.6	11	9.6
葡萄糖酸钠	8.5	7.6	79.6	32.4	35.6	44.2	22.3	8.5	4.9	4	3.3	2.9
双氧水(30%)	47	55.8	93.4	64.3	76	81.8	70	52.5	30.5	25.5	20.9	18
氢氧化钙	3	2.6	5.9	4.2	4.9	5.3	4.6	3.6	1.9	1.5	1.2	0.9
钨酸钠	8.02	5.15	15.41	9.97	11.44	12.12	14.97	6.54	3.08	3.2	1.2	0.08

制备方法

（1）溶解 将原料马来酸酐、焦亚硫酸钠、葡萄糖酸钠用去离子水溶解。

（2）调节 pH 值 在搅拌条件下缓慢加入质量分数为 30% 的氢氧化钠溶液，调节反应液 pH 值为 8～9。

（3）水浴加热 水浴加热至 50～60℃，反应时间为 1～4h。

（4）环氧化反应 加入钨酸钠作为催化剂，然后分 5 批加入质量分数为 30% 的双氧水，每批双氧水加入时间间隔为 20min，每批双氧水加完后用质量分数为 30% 的氢氧化钠溶液控制反应液的 pH 值为 5～6，控制反应温度为 60～70℃，双氧水全部加完后，反应 1～3h 进行马来酸酐的环氧化反应。

（5）开环共聚反应 将步骤（4）得到的溶液升温至 80～100℃，加入氢氧化钙进行开环共聚反应，反应时间为 1～3h；反应完成后过滤、减压蒸馏除水，得到黄色黏稠状液体即为磺化环氧琥珀酸/葡萄糖酸钠共聚物。

产品应用 本品主要应用于废水处理。

产品特性 本品为磺化环氧琥珀酸/葡萄糖酸钠共聚物，该共聚物不仅不含磷，可生物降解，具有很好的缓蚀阻垢作用，而且由于聚合物中引入多种极性基团，如羟基、羧酸基、醚基等，这些极性基团的引入，增强了聚环氧琥珀酸对金属离子的螯合作用以及对碳酸钙垢、磷酸钙垢和锌垢的分散能力，从而增强了聚环氧琥珀酸的缓蚀和阻垢作用。

配方 57 环保型水处理剂

原料配比

原料	配比（质量份）		原料	配比（质量份）	
	1#	2#		1#	2#
流化床粉煤灰	130	120	草酸	0.8	1
盐酸	180	160	硅酸钠	19	28
氯化铝铁	8/0	66	氯化钠	8	10

制备方法 将各组分混合均匀即可。

产品应用 本品主要应用于污水处理。

产品特性　本品配方合理，净水效果好，生产成本低。

配方 58　基于矿化垃圾的复合型水处理剂

原料配比

原料	配比（质量份）		
	1#	2#	3#
矿化垃圾	85	90	95
水泥熟料	10	8	4
石灰石	5	2	1

制备方法

（1）主料的制备　将生活垃圾填埋场中填埋龄在 4～15 年间的矿化垃圾，过孔径 20～100mm 粗筛，筛下组分做自然风干处理，控制该矿化垃圾含水率在 15%～50%。风干处理后的矿化垃圾过 2～5mm 细筛，筛下组分作为水处理剂的主料。

（2）辅料的制备　在常温条件下将水泥和石膏按照上述比例混合，制成水泥熟料，然后将水泥熟料和石灰石分别研磨至 60～200 目，作为水处理剂辅料备用。

（3）按上述比例选取矿化垃圾细料、经过研磨的水泥熟料粉和石灰石粉，在常温条件下将其混合均匀，即可制得复合水处理剂。

产品应用　本品主要应用于污水处理。

使用方法：按固液比为 1:5 投加到水处理反应器中，水处理反应器采用序批式运行，进水比为 1:5，进水机械混合 3h，曝气再生 1h，静置沉淀 2h 出水。

产品特性

（1）组成本水处理剂的主料矿化垃圾有较大的比表面积、较高的阳离子交换容量，可以通过物理吸附、离子交换、化学沉淀和生物转化过程去除废水中的有机物和氮磷富营养化污染物，因此处理效果全面。

（2）矿化垃圾细料中富集有大量优势微生物种群，这些微生物具有很强生存和降解能力，可实现水处理剂处理能力的再生，同时为后生物处理工艺驯化筛选优势微生物种群。

（3）水泥熟料和石灰石粉中的铝酸三钙和铁铝酸四钙等活性物质，在水环境中可以发生水化反应，生成凝胶和碱性物质。这些水化产物可以吸附和固定废水中大分子有机物和重金属离子，因此该水处理剂处理效果好。

（4）由于矿化垃圾的资源非常充足，可以认为是取之不绝用之不尽的，水处理剂的制备工艺和使用工艺简单，所以本品的经济效益和环保效益十分明显。

（5）本品处理负荷大，水处理成本低，可用于各种高浓度有机废水和工业废水的预处理工艺。

配方 59　家庭废水处理剂

原料配比

原料	配比（质量份）		
	1#	2#	3#
聚合氯化铝	10	20	15
三氯化铁	1	8	5
聚乙烯醇	10	20	14
水	加至 1000	加至 1000	加至 1000

制备方法 将聚合氯化铝、三氯化铁、聚乙烯醇分别在搅拌下溶解于200mL水；将聚合氯化铝溶液和三氯化铁溶液混合，再将聚乙烯醇溶液加入；定容至1000mL，搅拌均匀。

产品应用 本品主要应用于家庭废水处理。

使用方法：将5mL本品废水处理剂加入1000mL家庭混合废水中，搅拌均匀后静置15min，取废水的上层清液回收利用。

产品特性 将该处理剂用于家庭废水，可以有效地去除家庭废水中的悬浮物、油脂和有色物质，效果良好，处理效率较高，经过处理的中水能够达到生活杂用水水质标准要求，可以用其浇花、冲洗厕所等。由于家庭废水成分复杂，性质多变，单一组分的絮凝剂不能取得较好的处理效果，通过多种絮凝剂的复配，利用不同絮凝剂的不同性质，协同处理家庭废水，可以达到良好的处理效果。同时选用常见的絮凝剂可以有效地降低使用成本，减少日常使用的费用。在选择的三种絮凝剂中，主絮凝剂为聚合氯化铝，起到主要的絮凝作用，三氯化铁作为助絮凝剂和pH值调节剂，聚乙烯醇作为助絮凝剂和增稠剂。该处理剂的应用可以提高家庭再生水利用，有利于人类与自然协调发展、创造良好水环境、缓解日趋严重的环境污染、促进循环型城市发展进程。

配方 60　兼具缓蚀阻垢和杀生功效的水处理药剂

原料配比

原料	配比（质量份）											
	1#	2#	3#	4#	5#	6#	7#	8#	9#	10#	11#	12#
马来酸酐	33.7	25.5	70.5	43	47.9	48.9	59.3	24.6	14.8	12	10	9
布罗波尔	25.2	17.8	35.6	49	72	93.2	88.5	40	23.2	6.2	3.4	2.6
钨酸钠	8.02	5.15	15.41	9.97	11.44	12.12	14.97	6.54	3.08	3.2	2.65	2.2
双氧水(30%)	47	55.8	93.4	64.3	76	81.8	70	52.5	30.5	25.5	20.9	18
氢氧化钙	3	2.6	5.9	4.2	4.9	5.3	4.6	3.6	1.9	1.5	0.5	0.06

制备方法

(1) 溶解　将原料马来酸酐和布罗波尔用去离子水溶解。

(2) 调节pH值　在搅拌条件下缓慢加入质量分数为30%的氢氧化钠溶液，调节反应液pH值为6~8。

(3) 水浴加热　水浴加热至40~60℃，反应时间为1~4h。

(4) 环氧化反应　加入钨酸钠作为催化剂，然后分5批加入质量分数为30%的双氧水，每批双氧水加入时间间隔为30min，每批双氧水加完后用30%的氢氧化钠溶液控制反应液的pH值为5~6，控制反应温度为60~70℃，双氧水全部加完后，反应1~3h进行马来酸酐的环氧化反应。

(5) 开环共聚反应　将步骤(4)得到的溶液升温至80~100℃，加入氢氧化钙进行开环共聚反应，反应时间为1~3h；反应完成后过滤、减压蒸馏除水，得到黄色黏稠状液体即为聚环氧琥珀酸/布罗波尔共聚物。

产品应用 本品主要应用于废水处理。

产品特性

(1) 该水处理药剂为聚环氧琥珀酸/布罗波尔共聚物，以聚环氧琥珀酸为主体，接枝布罗波尔后聚合得到聚环氧琥珀酸/布罗波尔共聚物，该共聚物不仅不含磷，可生物降解，具有很好的缓蚀阻垢作用，而且由于氧化性溴原子的存在还具有一定的杀生作用；

（2）本品对碳酸钙阻垢率和对碳钢的缓蚀率，基本上与聚环氧琥珀酸差不多，保证了水处理药剂的缓蚀阻垢作用。

配方 61 焦化废水处理剂

原料配比

原料	配比（质量份）	原料	配比（质量份）
聚合硫酸铁	30	二氯化铁	5
硫酸铝	65	水处理助剂	0.5

制备方法 将各组分混合均匀即可。

原料介绍 水处理助剂为瓜尔胶。本品采用的瓜尔胶是由配糖结合的半乳聚糖，即由半乳聚糖和甘露糖（1∶2）组成的高分子水解胶体多糖，分子量约为20万～30万。瓜尔胶为白色至浅黄褐色自由流动粉末，能完全溶解于冷水和热水中，其水溶液无味、无臭、无毒，呈中性。由于溶液中含有少量的纤维和纤维素，因此，呈淡灰色半透明状。瓜尔胶水溶液具有高黏性，其黏度大小与颗粒尺寸、pH值和温度有关，是天然胶中黏度最高的一种胶，其增稠性能比淀粉高4～7倍，瓜尔胶溶液在pH值为4.0～10.5范围内是稳定的，在pH值为8.0时水合作用很快，在废水处理中，使用瓜尔胶及其衍生物用作絮凝剂（可使液体中分散的细粒固体形成絮凝物的高分子聚合物），能够将液体中的悬浮微粒聚集联结形成粗大的絮状团粒或团块，有利于污染物分离出来或转化为无害物，进而使焦化废水得到净化，满足实际需要。

产品应用 本品主要应用于净化焦化废水。

产品特性 采用本品处理剂净化焦化废水可以使有机污染物中的总氰去除率达到70%以上。

配方 62 焦化废水用处理剂

原料配比

表1 活性转化剂

原料	配比（质量份）					
	1#	2#	3#	4#	5#	6#
氧化钙	36	35	50	38	42	46.3
高铁酸钠	16.2	15	25	20	18	23
硅酸钠	4	1	5	2	3	5
碳酸钠	1.3	1	3.5	2.9	2.3	1.7
硫酸（98%）	2.5	2	4	3.5	3	4
水	40	64	12.5	33.6	31.7	20

表2 高效分散剂

原料	配比（质量份）					
	1#	2#	3#	4#	5#	6#
硫酸铝铵	12	23	10	25	24	17.27
聚硅氧化铝	40	35	45	30	42	33
硼酸	5	10	15	1	13	3
异辛烷	0.9	0.3	1	0.1	0.6	0.7
高锰酸钾	0.07	0.02	0.1	0.01	0.05	0.03
水	42.03	31.68	58.89	13.8	20.35	46

表 3 聚凝剂

原料	配比(质量份)					
	1#	2#	3#	4#	5#	6#
二甲基二烯丙基氯化铵-丙烯酰胺共聚物	20	15	30	65	50	40
黄原胶	1.8	2	1.5	0.42	0.5	0.9
硅酸钠	0.08	0.1	0.06	0.01	0.02	0.04
水	78.12	84.57	68.44	32.9	49.48	59.06

表 4 焦化废水用处理剂

原料	配比(质量份)								
	1#	2#	3#	4#	5#	6#	7#	8#	9#
活性转化剂	1	1	1	2	2	2	3	3	3
高效分散剂	1	2	3	1	2	3	1	2	3
聚凝剂	1	2	3	2	3	1	3	1	2

制备方法

(1) 活性转化剂:将水打入反应釜中,向水中边搅拌边投入定量的氧化钙、高铁酸钠和硫酸后将溶液搅拌至少 30min,在 10min 内向上述溶液中边搅拌边缓慢加入定量的硅酸钠及碳酸钠,将上述溶液加热至 60～80℃,持续搅拌至少 1h 后冷却至室温,成品目测为白色液体,pH 值为 5.5～7。

(2) 高效分散剂:将水打入反应釜后向水中边搅拌边加入定量聚硅氯化铝和硼酸,持续搅拌至少 2h,向上述溶液中依次加入定量硫酸铝铵、异辛烷和高锰酸钾,加热在 80～100℃至少搅拌 3h 后冷却至室温,成品目测为淡黄色液体,pH 值为 2.5～4.5。

(3) 聚凝剂:将水打入反应釜后加热至至少 30℃时边搅拌边加入定量的黄原胶,持续搅拌至少 1h,向上述溶液中加入定量二甲基二烯丙基氯化铵-丙烯酰胺共聚物和硅酸钠,加热至 90～110℃持续搅拌至少 1h 后冷却至室温,成品目测为白色液体,pH 值为 6～7。

产品应用 本品主要应用于工业废水处理。

使用焦化废水用处理剂处理焦化废水的工艺包括以下步骤:向焦化废水中边搅拌边加入活性转化剂至搅拌均匀;向上述溶液边搅拌边加入高效分散剂至搅拌均匀;向上述溶液边搅拌边加入聚凝剂至搅拌均匀;将上述溶液静置分层,上层为轻油,中层为处理后的水,下层为固体沉淀物。在设备工装当中使用时,保证 3 个药剂投料口间隔 10m 以上,可依靠焦化废水流动搅拌均匀,当投料口间距满足不了 10m 时,需要投料口增设搅拌装置,使溶液充分搅拌混合。

产品特性

(1) 本品对焦化废水中高浓度石油类、悬浮物和 COD 的焦化污水有独特效果,经其处理后水中悬浮物、COD、硫化物、石油类含量明显大幅减少,经处理后的焦化废水可达到焦化洗焦和切焦用水指标。焦化废水处理剂使用受温度影响小。

(2) 本品使用工艺稳定可靠,便于管理,具有抗冲击能力,对焦化废水进行源头处理后,解决了对终端污水处理场的冲击,确保了污水处理场的稳定运行和废水的达标排放,对原设备进行小幅改造就可以处理焦化废水,降低处理成本。

配方 63　焦化酸性废水处理剂

原料配比

表 1　促进剂

原料	配比(质量份)					
	1#	2#	3#	4#	5#	6#
巯基乙醇	2	1.8	1.5	3	2.8	2.5
硫酸亚铁	7	16.5	15	25	22	23
氧化钙	3	2.5	1	5	4.5	4
盐酸(34%)	0.7	0.6	0.5	1	0.9	0.8
水	77.3	78.6	82	66	69.8	69.7

表 2　隔焦剂

原料	配比(质量份)					
	1#	2#	3#	4#	5#	6#
二甲基二烯丙基氯化铵	14.5	18	15	25	23	18
氧化十二烷基二甲基铵(20%)	3.5	3.6	3.8	5.5	5	4.5
十二烷基硫酸钠	4	5	5.8	10	13	17
硅酸钠	0.9	0.5	0.3	1	0.6	0.8
水	77.1	72.9	58.5	75.1	58.4	59.7

表 3　焦化酸性废水处理剂

原料	配比(质量份)								
	1#	2#	3#	4#	5#	6#	7#	8#	9#
促进剂	1	1	1	2	2	2	3	3	3
隔焦剂	1	2	3	1	2	3	1	2	3

制备方法

(1) 促进剂：将盐酸打入反应釜中，向盐酸中边搅拌边投入定量的氧化钙，搅拌 10min，10min 后向上述溶液中边搅拌边缓慢加入定量的水及硫酸亚铁；将上述溶液加热至 40～50℃持续搅拌至少 1h 后，加入巯基乙醇持续搅拌至少 1.5h 后，冷却至室温，成品目测为白色液体，pH 值为 3.5～4。

(2) 隔焦剂：将水打入反应釜后向水中边搅拌边加入定量的二甲基二烯丙基氯化铵，持续搅拌至少 30min，向上述溶液中加入定量的硅酸钠，加热至 30～40℃至少搅拌 1h，向上述溶液中依次加入定量的十二烷基硫酸钠、氧化十二烷基二甲基铵，在 30～40℃条件下搅拌 1.5h 后冷却至室温，成品目测为白色液体，pH 值为 6～7.5。

使用焦化酸性废水处理剂的工艺，包括以下步骤：向焦化酸性废水中边搅拌边加入促进剂至搅拌均匀，向上述溶液边搅拌边加入隔焦剂至搅拌均匀，将上述溶液静置分层，上层为轻油及焦粉，下层为处理后的水。

在设备工装当中使用时，保证两个药剂投料口间隔 10m 以上，可依靠焦化酸性废水流动搅拌均匀，当投料口间距满足不了 10m 时，需在投料口增设搅拌装置，使溶液充分搅拌混合。

产品应用　本品主要应用于焦化酸性废水处理。

产品特性

(1) 本品焦化酸性废水处理剂对酸性废水焦粉悬浮物、石油类的去除效果明显，经处理后降低了酸性废水中焦粉悬浮物和石油类的含量，可延长汽提塔塔盘的使用周期，减少了汽提塔塔盘的清洗次数，大大降低了工人的劳动强度，从而降低了运行成本。

（2）本品焦化酸性废水处理剂使用工艺稳定可靠，便于管理，具有抗冲击能力。

配方 64　焦化污水处理剂

原料配比

原料	配比（质量份）	原料	配比（质量份）
三氯化铁	10～20	聚丙烯酰胺	0.5～1
硫酸铁	40～80	氧化钙	5～10
硫酸铝	60～120	铝酸钙粉	2～4
硫酸亚铁	5～10	水	3000～4000

制备方法　将三氯化铁、硫酸铁、硫酸铝及硫酸亚铁放入反应釜中，加入水，然后控制温度为 18～25℃进行搅拌 40min 后，再加入聚丙烯酰胺进行充分反应，并加入沉淀净化的辅助成分氧化钙、铝酸钙粉而制得。

产品应用　本品主要应用于焦化水处理。

产品特性　本品焦化水处理剂组成简单，制备容易，应用方法科学合理，用于处理焦化污水效果好，不仅可以达到排放要求，并可以将污水处理成净化水，以作循环水再次使用，节约了用水。

配方 65　聚氯化铝铁水处理剂

原料配比

原料	配比（质量份）		
	1#	2#	3#
20％工业合成盐酸	1860	1860	1860
铝酸钙粉	750	750	750
40％的氯化铁水溶液	460	280	750
水合碱式碳酸镁	22	22	30
水	加至 3000	加至 3000	加至 3000

制备方法　在搪玻璃反应釜中加入 20％工业合成盐酸，陆续加入铝酸钙粉，使反应温度通过反应放热保持在 80～110℃之间，搅拌反应 30min，在反应物中加入 40％的氯化铁水溶液、水合碱式碳酸镁，继续反应 30min，然后在该反应物中加水至总体积约为 3000mL。反应液用厢式压滤机过滤，约 30min 过滤完毕，加适量水洗涤滤渣，得到透明溶液产品。

产品应用　本品主要应用于污水处理。

产品特性

（1）工艺简单，生产周期短、效率高。整个生产过程仅需大约 1～2h，且反应基本无废气和废水产生，固体废渣少，能实现产品快速生产，提高设备使用效率，且有利于保护环境。

（2）节省能源和设备，生产成本低。本品的生产过程有效地利用反应放出的热量，不需要另外提供热能，节约能源，节省了传统生产工艺用于加热的蒸汽和锅炉设备；另外避免使用传统工艺中添加的各种碱性化合物，进一步降低了生产成本。

（3）产品稳定性好，净水效果好。本品可放置 1 年以上保持稳定不变质。

配方 66 聚驱污水处理清洗剂

原料配比

原料		配比(质量份)		
		1#	2#	3#
中间体	聚氧乙烯脂肪醇醚	25	18	24
	聚氧乙烯辛烷基酚醚	15	10	12
	十二烷基二乙醇酰胺	18	21	24
	水	42	51	40
中间体:三乙醇胺油酸皂		40:60	50:50	44:56

制备方法

(1) 中间体的制备：将聚氧乙烯脂肪醇醚、聚氧乙烯辛烷基酚醚、十二烷基二乙醇酰胺依次置于搪瓷混配釜中，开动搅拌器，升温至（50±5）℃，缓慢滴加水后，搅拌 30～60min，降温出料即得。

(2) 清洗剂的制备：将中间体、三乙醇胺油酸皂依次置于搪瓷混配釜中，开动搅拌器，搅拌 30～60min，出料即得成品。

产品应用 本品用于处理油田污水。

本品在处理污水的过程中，可以在污水流过的管道内均匀滴入，每小时滴入量在 10～50mg 之间。

产品特性

(1) 原料配比科学，工艺简单，成本较低。

(2) 可将驱油采出污水处理至达到回注水要求，处理后的水中含油量为 20mg/L，悬浮物含量为 20mg/L，解决了聚合物驱油采出液脱出污水堵塞污水处理过滤器的问题，处理后的污水回注地层，既能提高地层压力，又能节约水资源，保护油田环境。

(3) 本品处理效率高，加药量相对较小，处理工艺运行稳定，可降低污水处理成本，提高油田经济效益和社会效益。

配方 67 可再生循环使用的酸性废水处理剂

原料配比

原料	配比/mol				
	1#	2#	3#	4#	5#
$MgSO_4 \cdot 7H_2O$	0.36	—	0.36	—	0.36
$Mg(NO_3)_2 \cdot 6H_2O$	—	0.36	—	—	—
$MgCl_2$	—	—	—	0.36	—
$Al_2(SO_4)_3 \cdot 18H_2O$	0.1125	—	0.072	—	0.018
$Al(NO_3)_3 \cdot 9H_2O$	—	0.225	—	—	—
$AlCl_3$	—	—	—	0.09	—
NaOH	0.936	—	1.764	—	0.238
KOH	—	0.936	—	—	—
$(NH_4)_2CO_3$	—	—	—	0.18	—
Na_2CO_3	0.45	—	0.288	—	1
K_2CO_3	—	0.45	—	—	—

制备方法

(1) 盐溶液配制：将可溶性镁盐和铝盐溶于水中，配制成混合盐溶液，所述镁盐和铝盐为硝酸盐、硫酸盐或盐酸盐。

（2）碱溶液配制：将氢氧化钠、碳酸钠、碳酸铵、氢氧化钾、碳酸钾或其混合物溶于水配制成碱溶液。

（3）共沉淀反应：搅拌下将盐溶液和碱溶液混合，然后于一定温度晶化一段时间，生成白色沉淀。所述搅拌转速超过 80r/min，晶化温度为 40℃以上，晶化时间为 0.5h 以上，混合方式可以是盐溶液加入碱溶液中、碱溶液加入盐溶液中或盐溶液和碱溶液同时加入水中，加入方式可以是滴加或倒入，滴加速率 5～30mL/min。

（4）分离、洗涤、干燥：将沉淀用离心或抽滤漏斗分离，用水洗涤至中性，在 70～100℃干燥，即得镁铝水滑石。

（5）焙烧：将水滑石前体置于马弗炉中以 1～20℃/min 的速率升温至 430～700℃焙烧 1h 以上，即得镁铝复合金属氧化物。

产品应用 本品主要应用于工业酸性废水的处理。

产品特性 本品制备工艺简单，处理酸性废水效果好，并且处理剂可经过焙烧再生重复使用多次。

配方 68 镧系水处理剂

原料配比

原料	配比（质量份）		原料	配比（质量份）	
	1#	2#		1#	2#
La$_2$O$_3$	0.22	0.26	MgO	0.012	0.014
CeO$_2$	0.33	0.3	稀盐酸	适量	适量
Pr$_6$O$_{11}$	0.024	0.013	氢氧化钠	适量	适量
Nd$_2$O$_3$	0.028	0.018	65%硝酸	适量	适量
SiO$_2$	0.18	0.28	氧化镁和活性白土	适量	适量
Al$_2$O$_3$	0.045	0.085			

制备方法

（1）将 La、Ce、Pr、Nd 的氧化物加入反应釜中，按 1:（4～5）的固液比加入稀盐酸[盐酸浓度为 33%（体积分数）]，反应釜加热至 80～110℃，搅拌 40～60min，通过高压过滤除去杂质后得含 La、Ce、Pr、Nd 的溶液。

（2）将上述溶液泵入下一级反应釜中加入 0.5～0.8t/5m³ 的氢氧化钠进行转化，碱饼经反应水洗，洗液 pH 值达到 7.5 时，按碱饼与硝酸的质量比体积为 1:（2.2～2.5）的比例加入 65%的硝酸，再加热至 90～100℃，边搅拌边加入氧化镁和活性白土，搅拌反应 30～40min。

（3）反应液泵入装备有高压喷射泵的专用浓缩结晶的反应釜内浓缩结晶。

（4）结晶后即用雷蒙磨粉机进行研磨制灰白色粉末状成品。

原料介绍 本品中加入如 Sm、Gd 等至少一种微量元素后仍然具有良好的水处理能力。Sm、Gd 等元素占镧系水处理剂总质量的 0.0001% 以下。

由于对于水体富营养化的处理需在激活氮、磷等元素时转化成另外的生物，这些生物生长发育过程中在铁、钙、钾等元素参与时繁殖发育快而壮。因此，本品的污水处理剂中也可加入铁、钙、钾等微量元素，加入量以水处理剂总量计，铁、钙、钾总量不超过 2.5%。

其中，所述的 La、Ce、Pr、Nd 的氧化物、氢氧化物或盐可以通过购买，也可以通过轻稀土精矿经高温焙烧、酸浸、碱转得到碱饼，调整 La、Ce、Pr、Nd 的配比关系合格后再加硝酸反应得到。

为了提高 La、Ce、Pr、Nd 化合物的纯度，可以将 La、Ce、Pr、Nd 的氧化物、氢氧化物或盐用盐酸或硝酸溶解后再用氢氧化钠转化，得到的碱饼再加硝酸反应。

所述 SiO_2 和 Al_2O_3 可以采用含有 SiO_2 和 Al_2O_3 的活性白土、膨润土和硅藻土等代替，只要最终满足 SiO_2 和 Al_2O_3 的量与其他组分达到所需配比要求即可。

所述氧化镁可采用含氧化镁达到 85% 以上的轻烧粉代替。

为提高对水体中好氧有机物的处理能力，可在结晶时加入柠檬酸，柠檬酸加入量以最终水处理剂产品 100% 计算，为 8%～15%，本品不使用类似溴化十六烷基三甲胺等化学物质，处理效果好而且安全。

产品应用　本品主要应用于污水处理。

本品污水处理剂处理水的方法：对于被生活废水、工业废水、养殖投饵及农业面源污染的水库、湖泊、池塘、河流、近海等水体，其一般用量为 0.2～0.5g/m³。对于蓝藻、绿藻、赤潮等的消除需根据覆盖率适当增加用量，若水面覆盖率超过 10% 时，最大剂量控制在 1g/m³。本品宜兑水泼洒，也可干粉撒施，对于深水还可将其与颗粒物搅拌后撒施，也可制成胶囊投入，无论采用哪种方法都必须均匀。

产品特性　本品选择具有自然属性的镧系元素和硅铝等材料，不添加任何化学处理剂，确保有效性和安全性，实现催化效应与生物效应的有机结合。本品水处理剂不仅能消除水体中的有机物污染问题，而且能消除多数无机物污染问题，不仅能治理一般性污染，而且能消除或抑制蓝藻、绿藻和赤潮的生长。本品适用于水库、湖泊、池塘及流速缓慢的河流，也可以对饮用水体、养殖水体、灌溉水体、景观水体等进行处理。

配方 69　利用工业废渣生产水处理剂聚合氯化铝铁

原料配比

原料	配比（质量份）									
	1#	2#	3#	4#	5#	6#	7#	8#	9#	10#
铝矾土、高岭土和煤矸石的混合物	100	120	140	150	160	180	200	220	240	250
混合废酸液	150	170	190	200	210	220	230	200	230	250
硫铁矿渣、粉煤灰和铝灰的混合物	250	240	230	220	210	200	180	230	130	100
混合废酸液	350	340	330	320	310	290	300	200	340	350
氧化剂次氯酸钠	50	40	30	30	30	40	30	50	10	20
碱度调节剂氧化钙的饱和溶液	100	90	80	80	80	70	60	100	50	30

制备方法

（1）将铝矾土、高岭土和煤矸石的混合物经 700～900℃ 高温煅烧 2～4h；

（2）粉碎，过 80～120 目筛；

（3）加入到反应釜，同时，加入混合废酸液；

（4）在搅拌作用下，加热至 100～150℃，充分反应 2～5h；

（5）将硫铁矿渣、粉煤灰和铝灰的混合物加入到反应釜中，同时注入混合废酸液和氧化剂次氯酸钠；

（6）加热至 80～130℃，氧化反应 2～4h；

（7）加入碱度调节剂氧化钙的饱和溶液，并在反应釜内充分搅拌，加热至 70～100℃，进一步聚合反应 1～3h；

(8) 蒸发，过滤，得到 pH 值为 3～5.5 的水处理剂聚合氯化铝铁。

产品应用　本品主要应用于废水处理。

产品特性

(1) 原料广泛，工艺简单，生产成本较低；

(2) 产品质量稳定，可以自由调节产品中铝、铁的比例，适用范围广，净水效果好。

配方 70　硫酸型复合净水剂

原料配比

原料	配比（质量份）
硫酸铝	25
硫酸镁	65
硫酸锌	10

制备方法　将上述三种原料分别粉碎至直径小于 1mm 的颗粒状，然后以机械物理方式混合，均匀即为成品。

产品应用　本品用于废水净化处理。

使用方法：先将本品用水稀释至在水中含量为 2%～5% 的水剂，然后将稀释过的水剂净化剂按每吨添加 0.2%～0.8% 加入待处理水中，搅拌至充分反应，再加入聚丙烯酰胺，再行搅拌至充分反应后，放入沉降池中沉降 30～60min，沉降物废弃处理，清水即可重复使用。

产品特性　本品配方科学合理，生产工艺简单，使用效果可靠。

配方 71　煤焦油生产中的污水处理剂

原料配比

原料	配比（质量份）						
	1#	2#	3#	4#	5#	6#	7#
次氯酸钙	40	60	20	25	50	25	39
聚合氯化铝	30	10	40	20	10	22	35
硫酸镁	25	20	32	50	35	45	20
碳酸钠	5	10	8	5	5	8	6

制备方法　将次氯酸钙、聚合氯化铝、硫酸镁用加热器加热至 50～60℃，用搅拌器搅拌均匀，然后加入碳酸钠，再用搅拌器搅拌，使其均匀混合，包装，得本产品。

原料介绍　本品各组分配比（质量份）范围为：次氯酸钙 20～60、聚合氯化铝 10～40、硫酸镁 20～50、碳酸钠 5～10。

产品应用　本品主要应用于油田污水的处理、工业废水的处理。

产品特性　本品污水处理剂具有絮凝速度快、沉淀分离效率高等优点。

配方 72　纳米超高效净水剂

原料配比

原料	配比（质量份）			
	1#	2#	3#	4#
纳米级氧化物	1	10	1	10
聚合硫酸铁	80	10	—	—

续表

原料	配比（质量份）			
	1#	2#	3#	4#
聚合氯化铝	—	—	60	10
三氯化铁	14	70	34	60
硫酸亚铁	5	10	—	—
硫酸铝	—	—	5	20

制备方法

（1）将聚合硫酸铁、三氯化铁、硫酸亚铁分别经粉碎机粉碎至过 100 目筛，然后将三者混合（如投入双螺旋搅拌器中混合 1h）而得到混合物；

（2）再将步骤（1）中的混合物粉碎至过 325 目筛（可使用气流粉碎机进行）而成为超微粉混合物；

（3）将纳米级氧化物（如由二氧化硅制得的硅基氧化物）和上述超微粉混合物一次投入双螺旋搅拌器中混合 2~3h，即得净水剂。

原料介绍 纳米级氧化物是指粒度为 25~100nm 的二氧化硅、氧化锆、三氧化二铝、氧化铈中的一种或一种以上。

产品应用 本品用于废水处理。

本品为可溶于水的粉剂，实际使用时将其溶于水中而成为溶液，将该溶液按常规滴加方式加至被处理水中即可。

产品特性 本品将纳米级氧化物粉体用于药剂中，由于纳米级粉体的比表面积大，表面能量高，使药剂改性，即极大地提高了药剂的活性，使其在水处理中的反应速率加快，反应非常充分，从而使药剂利用率高、相对用药量大大降低；其他组分的配合使用，使药剂处理综合废水（如城市废水）的性能显著增强；而适当调整药剂组分的比例，又可处理不同污染物的废水。

本品设备投资少，可节省投资 50%，流程短，占地面积可减少 50%，药物投放量小，最大用量为 1t 废水用药 0.15kg，可节省运行费用 40%；废水水质变化较大时，净化效果好而稳定，排放指标始终符合规定标准；适应范围广，尤其在 pH 值变化大的情况下也能应用。

配方 73　纳米水处理剂

原料配比

原料	配比（质量份）				
	1#	2#	3#	4#	5#
十六烷基三甲溴化铵	1	—	—	—	—
十六烷基三甲基氯化铵	—	0.48	—	—	0.8
十四烷基三甲基溴化铵	—	—	1	0.5	—
十四烷基三甲基氯化铵	—	—	—	0.5	—
十二烷基三甲基氯化铵	—	—	—	—	0.2
水	480(体积份)	480(体积份)	480(体积份)	480(体积份)	480(体积份)
四氧化三铁	0.1	0.2	—	—	—
三氧化二铁	—	—	0.3	—	—
镍纳米粒子	—	—	—	0.2	—
钴纳米粒子	—	—	—	0.3	—
铁镍合金纳米粒子	—	—	—	—	0.2
铁纳米粒子	—	—	—	—	0.5

续表

原料	配比(质量份)				
	1#	2#	3#	4#	5#
三甲基苯	7(体积份)	4.8(体积份)	7(体积份)	14.4(体积份)	7(体积份)
氢氧化钠	3.5(体积份)	3.5(体积份)	3.5(体积份)	—	—
28%浓氨水	—	—	—	30(体积份)	30(体积份)
正硅酸乙酯	5(体积份)	5(体积份)	5(体积份)	—	5(体积份)
甲苯	1	1	—	—	—
甲苯和苯的混合溶剂	—	—	—	1	—
正己烷	—	—	1	—	—
甲苯和正己烷	—	—	—	—	1
水	0.1(体积份)	0.2(体积份)	0.4(体积份)	0.4(体积份)	0.1(体积份)
巯基三甲氧基硅烷	1(体积份)	10(体积份)	10(体积份)	20(体积份)	20(体积份)
巯基三乙氧基硅烷	—	—	5(体积份)	—	—

原料	配比(质量份)				
	6#	7#	8#	9#	10#
十六烷基三甲基溴化铵	—	—	—	—	—
十六烷基三甲基氯化铵	0.8	1	1.44	1	1
十二烷基三甲基溴化铵	0.2	—	—	—	—
水	480(体积份)	480(体积份)	480(体积份)	480(体积份)	480(体积份)
四氧化三铁	0.2	—	—	0.4	0.01
三氧化二铁	—	—	—	—	—
镍纳米粒子	—	0.2	—	—	—
钴镍合金纳米粒子	—	—	0.3	—	—
铁镍合金纳米粒子	—	—	—	0.3	—
铁钴合金纳米粒子	0.3	0.2	—	—	—
三甲基苯	7(体积份)	7(体积份)	7(体积份)	7(体积份)	7(体积份)
氢氧化钾	—	0.1(体积份)	—	—	—
28%浓氨水	30(体积份)	30(体积份)	30(体积份)	30(体积份)	—
正硅酸乙酯	5(体积份)	5(体积份)	5(体积份)	—	5(体积份)
四氢呋喃	—	1	—	—	—
甲苯和正庚烷的混合溶剂	1	—	—	—	—
四氢呋喃和甲苯的混合溶剂	—	—	1	1	1
甲苯和正己烷	—	—	—	—	—
水	0.5(体积份)	0.5(体积份)	0.5(体积份)	0.5(体积份)	—
巯基三甲氧基硅烷	—	10(体积份)	10(体积份)	10(体积份)	5(体积份)
巯基三乙氧基硅烷	20(体积份)	10(体积份)	5(体积份)	5(体积份)	10(体积份)

制备方法

(1) 在水中加入表面活性剂后依次加入磁性纳米粒子、扩孔剂和碱液，经过搅拌混合后滴加正硅酸乙酯，反应 1~6h 后，过滤，真空干燥获得磁性纳米粒子/中孔二氧化硅复合物。

(2) 将磁性纳米粒子/中孔二氧化硅复合物分散在有机溶剂中，经搅拌均匀后加入有机硅烷，经过回流处理获得纳米水处理剂。

原料介绍 本品纳米水处理剂为磁性纳米粒子和中孔二氧化硅组成的复合粒子，其中，磁性纳米粒子与中孔二氧化硅的质量比为 (1:99)~(1:1)，该磁性纳米粒子包埋在中孔二氧化硅纳米粒子的内部。

所述复合粒子的平均粒径为 50~1500nm，饱和磁化强度在 10~100emu/g。

所述的中孔二氧化硅的表面覆盖有机单分子层，该有机单分子层的组分为巯基丙烷，其覆盖率为 10%~100%。

所述表面活性剂为十六烷基三甲基溴化铵、十六烷基三甲基氯化铵、十四烷基三甲基溴化铵、十四烷基三甲基氯化铵、十二烷基三甲基溴化铵、十二烷基三甲基氯化铵中的一种或几种混合，该表面活性剂在水中浓度为 1～3mg/mL。

所述的磁性纳米粒子为四氧化三铁、三氧化二铁、铁纳米粒子、钴纳米粒子、镍纳米粒子、铁钴合金纳米粒子、铁镍合金纳米粒子或钴镍合金纳米粒子中的一种或几种混合，该磁性纳米粒子的直径为 6～500nm，在水中的浓度为 0.02～1.46mg/mL。

所述的扩孔剂为三甲基苯。

所述的碱液是指 1～3mol/L 的氢氧化钾、氢氧化钠或质量分数为 10%～28% 的氨水中的一种或几种混合。

所述的有机溶剂为甲苯、苯、正己烷、四氢呋喃、正庚烷中的一种或几种混合。

将磁性纳米粒子/中孔二氧化硅复合物分散在有机溶剂中是指采用机械搅拌方式进行搅拌，或采用机械搅拌方式进行搅拌的同时再滴加用量为磁性纳米粒子/中孔二氧化硅复合物质量 1/10～1/2 的去离子水。

所述的有机硅烷为巯基三乙氧基硅烷或巯基三甲氧基硅烷之一或两种混合，其用量为每克磁性纳米粒子/中孔二氧化硅复合物加入 1～20mL 的有机硅烷。

产品应用　本品主要应用于废水处理。

使用方法：利用本品制备所得的水处理剂分散在废水中搅拌一定时间后，用磁场可以把水处理剂从水中分离，处理后的废水中重金属含量小于 0.00001%。

产品特性　本品有较高的表面积，有机功能基团在水处理剂表面可以达到 100% 覆盖，对废水中重金属的除去几乎可达到 100%。本品可以用磁场从水中分离，不会造成二次污染。

配方 74　纳米净水剂

原料配比

原料		配比（质量份）		
		1#	2#	3#
纳米净水剂 A	阴离子型聚丙烯酰胺	80～98	—	—
	阳离子型聚丙烯酰胺	—	75～98	—
	非离子型聚丙烯酰胺	—	—	85～98
	可溶性壳聚糖	2～20	2～25	2～15
纳米净水剂 B	纳米粒子活性炭	80～90	80～90	80～90
	纳米 TiO_2	1～3	1～3	1～3
	阴离子型聚丙烯酰胺	9～17	—	—
	阳离子型聚丙烯酰胺	—	9～17	—
	非离子型聚丙烯酰胺	—	—	9～17

制备方法　将各组分混合均匀即可。

纳米净水剂 A 可更加有效地中和胶体颗粒上的表面带电电荷并使单个颗粒变得不稳定来促进絮凝作用，加快颗粒被絮凝聚合体所吸附，从而在颗粒间起到活性官能团架桥作用，形成较大的絮状物。由于壳聚糖对金属离子的螯合性能，以及能通过络合、离子交换作用对非金属离子、蛋白质、氨基酸、染料离子等进行吸附，使得水处理过程中沉降、澄清、过滤、离心等工艺的效率得以提高。

水体投加纳米净水剂 B 后，水体有机物得到去除，水体中胶状物质含量减少，表面黏度下降。纳米粒子活性炭吸附在絮凝物上，有利于絮体的架桥，能改善絮体的结构，除有更加良好的去除有机物污染能力，还具有良好的助凝作用，使出水COD_{Cr}、色度、浊度大幅度下降。

产品应用　1#配方适用于弱酸到碱性范围各种工业废水的絮凝及污泥脱水处理，可依据行业水质的不同，灵活使用 A、B 两种纳米净水剂。

2#配方适用于生活污水或工业废水有机污泥的脱水处理。

3#配方适用于工业与生活混合污水的处理。

产品特性　本品原料配比及工艺科学合理，产品中和能力、搭桥能力、渗透能力、吸附能力强，可使污水净化处理效果好、速度快，并且用量少。

配方 75　铅锌浮选尾矿废水处理药剂

原料配比

原料	配比（质量份）			
	1#	2#	3#	4#
碳酸氢铵	90	80	85	86
磷酸钠	9	19	14.2	13.5
非离子型聚丙烯酰胺	1	1	0.8	0.5

制备方法　将各组分混合均匀即可。

由于该药剂含有除钙剂、非离子型聚丙烯酰胺组分，不仅能去除废水中的悬浮物，而且能有效地去除游离氧化钙、重金属离子，降低废水 COD 和 BOD。

在处理含固体悬浮物、游离氧化钙、高浓度重金属离子、COD 和 BOD 超标的铅锌浮选厂废水时，该药剂需与水配制成 2%～5% 的溶液，由搅拌桶搅拌均匀，控制 pH 值后进入沉淀池进行化学反应，沉淀池上清液加入硫酸中和至 pH＝6～8。中和后的上清液水质接近新水水质，该新药剂使用时具有快速除钙、去除悬浮物以及沉淀重金属离子等多重功效，因沉淀颗粒粒度大，大大缩短了沉降时间，沉淀反应完全，达到铅锌浮选尾矿废水的净化与回用的目的。

产品应用　本品主要应用于尾矿废水处理。

产品特性

(1) 本品具有快速除钙、去除悬浮物以及沉淀重金属离子等多重功效；

(2) 处理后的废水可以作为新水回用，改善选矿指标。

配方 76　强效脱色去污净水剂

原料配比

原料	配比（质量份）			
	1#	2#	3#	4#
三聚氰胺	250	250	250	250
硫酸铝	10	10	10	10
氯化铵	200	200	200	200
甲醛	200	200	200	200
尿素	100	100	100	100
可溶性淀粉水溶液	100	100	100	100
阳离子聚丙烯酰胺水溶液	50	10	50	—

注：可溶性淀粉水溶液的质量浓度 1# 为 30%，2# 为 20%，3# 为 60%，4# 为 60%；阳离子聚丙烯酰胺水溶液的质量浓度 1# 为 4%，2# 为 1%，3# 为 6%。

制备方法

(1) 在装有搅拌机及恒温控制的反应釜里先加入三聚氰胺、硫酸铝、1/2 氯化铵、1/2 甲醛，搅拌溶解后，控制反应温度为 (70±1)℃，恒温反应 1h，进行第一次聚合反应；

(2) 向步骤 (1) 的物料中加入尿素、1/2 氯化铵、1/2 甲醛，控制反应温度为 (90±5)℃反应 3h，进行第二次聚合反应；

(3) 向步骤 (2) 的物料中加入可溶性淀粉水溶液和阳离子聚丙烯酰胺水溶液，恒温 (70±5)℃反应 30min，进行第三次聚合反应，冷却至室温即可制得产品。

产品应用 本品可用于对印染废水进行脱色处理。

本品与无机絮凝剂聚合铝 (PAC) 和助凝剂聚丙烯酰胺 (PAM) 复配使用。在室温下将废水进行搅拌，加入本品，加入 PAC，搅拌，再加入助凝剂 PAM，再搅拌 1～5min，静置分层，染料废水沉清后排放，即可得到有效处理。

产品特性

(1) 本品是以三聚氰胺和甲醛等为主要原料，以硫酸铝和氯化铵为催化剂并引入添加剂进行三步聚合而合成的阳离子型多元共聚有机絮凝剂，其原料易得，价格低廉，制备工艺简单。

(2) 对印染废水处理效果好，具有絮凝沉降速度快、污泥量少、操作简便、处理成本低等优点。

配方 77　去除金属离子的污水处理剂

原料配比

原料	配比 (质量份)			
	1#	2#	3#	4#
乙二醇二乙醚二胺四乙酸	5	0.5	8	3
柠檬酸	30	8	40	12
二乙烯三胺五乙酸五钠	5	3	8	3
磺基水杨酸	10	5	15	8
水	加至 100	加至 100	加至 100	加至 100

制备方法 将各组分充分混合，添加过程中各原料之间添加时间间隔为 5min 以上。

产品应用 本品主要应用于污水处理。

产品特性 使用本品，在用回注污水稀释聚合物时可通过螯合作用将二价铁离子捕捉，使其处于稳定状态，经试验除铁效果显著。

配方 78　染整废水处理剂

原料配比

原料	配比 (质量份)		原料	配比 (质量份)	
	1#	2#		1#	2#
硫酸亚铁	33	42	氧化钙	29	22
聚丙烯酰胺	0.3	0.5	硅酸钠	2	5

制备方法 将各组分混合均匀即可。

产品应用 本品主要应用于染整废水处理。

产品特性 本品配方合理，使用效果好，生产成本低。

配方 79 乳化废水处理剂

原料配比

原料	配比(质量份)					
	1#	2#	3#	4#	5#	6#
淀粉接枝阴离子絮凝剂干粉	1.1	1	1.2	1.5	1.4	1.3
铝酸钠	0.022	0.02	0.024	0.03	0.028	0.026
硫酸铁	0.26	0.2	0.24	0.3	0.26	0.28
氧化钙	0.06	0.05	0.07	0.08	0.05	0.06
水	98.558	98.73	98.466	98.09	98.262	98.334

制备方法 将水打入反应釜中,向水中边搅拌边投入定量的淀粉接枝阴离子絮凝剂干粉,搅拌 20min 后加入定量铝酸钠,加热至 30～40℃,搅拌 1h,向上述溶液中边搅拌边加入定量的硫酸铁及氧化钙,持续搅拌至少 1.5h 后冷却至室温,产品外观为淡黄色或无色透明液体,pH 值为 3.5～4.5。

产品应用 本品主要应用于乳化废水处理。

处理乳化废水工艺包括以下步骤:向工装设备乳化废水管道中加入乳化废水处理剂,将上述溶液投入油水分离器中分离分层,上层为处理后的油,下层为处理后的水。加入量为 1000mL 的乳化废水中加入乳化废水处理剂约 3mL。

产品特性

(1) 本品乳化废水处理剂处理后的乳化废水油类等污染物含量大幅度减少,处理受环境影响小。

(2) 本品乳化废水处理工艺操作简单、可靠性高、便于管理、无毒、无二次污染,可确保废水处理达标。

配方 80 乳化液废水处理剂

原料配比

原料	配比(质量份)		原料	配比(质量份)	
	1#	2#		1#	2#
硫酸亚铁	0.2	0.5	水玻璃	0.5	0.3
氯化钙	0.3	0.2	水	96	92
氯化钠	0.4	0.1			

制备方法 将各组分混合均匀即可。

产品应用 本品主要应用于乳化液废水处理。

产品特性 本品配方合理,使用效果好,生产成本低。

配方 81 乳化油废水处理剂

原料配比

原料	配比(质量份)		原料	配比(质量份)	
	1#	2#		1#	2#
硝化腐植酸	25	26	酚树脂	8	6
硫酸	0.8	0.6	硅	78	71

制备方法 将各组分混合均匀即可。

产品应用 本品主要应用于乳化油废水处理。

产品特性 本品配方合理，使用效果好，生产成本低。

配方 82 食品加工废水处理剂

原料配比

原料	配比（质量份）		原料	配比（质量份）	
	1#	2#		1#	2#
硫酸铝	36	40	水玻璃	3	2
聚丙烯酰胺	4	3	二氯化乙烯	1	2

制备方法 将各组分混合均匀即可。

产品应用 本品主要应用于食品加工废水处理。

产品特性 本品配方合理，使用效果好，生产成本低。

配方 83 食品加工污水处理剂

原料配比

原料	配比（质量份）					
	1#	2#	3#	4#	5#	6#
两性离子聚丙烯酰胺	0.3	5	2	1	4	4
$Ca(OH)_2$	3	0.1	1	2	3	0.9
硫酸铝	3	0.05	1.5	3	1	1
电石炭渣	0.8	0.05	0.5	0.4	0.1	0.6
叔丁胺	12	7	10	8	9	10

制备方法 将两性离子聚丙烯酰胺溶于叔丁胺，加入 $Ca(OH)_2$、硫酸铝、电石炭渣、叔丁胺，在 50~60℃下聚合 2 h 后即可。

产品应用 本品主要应用于食品加工污水处理。

产品特性 本品具有生产成本低、不会造成新的污染、环保高效的特点。

配方 84 输油管道阻垢剂

原料配比

原料	配比（质量份）	原料	配比（质量份）
三聚磷酸钠	50	羟基亚乙基二膦酸	5
乙二胺四乙酸	30	乙二胺四亚甲基膦酸钠	3
氨基三亚甲基膦酸	10	聚丙烯酸钠	2

制备方法 按配比将原料混合，经加温、搅拌、保温、冷却等过程后，生成的白色固体粉末即为成品。

产品应用 本品是适用于油田回注污水和输油管道使用的防止金属离子，特别是钡、锶离子形成结垢的阻垢剂。

产品特性 本产品利用了聚电解质的阻垢作用，二钠盐和聚氨基羧酸盐的溶解作用，高分子涂膜的防垢作用，有效克服了钡、锶离子结垢对石油管道和注回水管道的影响，使用广泛，成本低，防垢效果明显。

配方 85 水处理除污药剂

原料配比

原料	配比(质量份)				
	1#	2#	3#	4#	5#
高锰酸盐	0.1～40	15～40	5～20	20	10
高铁酸盐	0.1～40	15～40	10～20	20	15
硅酸盐聚合物	0.1～30	15～25	5～10	15	15
辅剂	0.1～80	10～55	50～75	45	60

制备方法 将各组分混合均匀即可。

原料介绍 硅酸盐聚合物可以和其他物质形成高聚锰铁硅、高聚锰铝硅、高聚铁硅、高聚铁铝硅、高聚铝硅等化合物。

辅剂根据实际水质可以采用硫酸铁、氧化钙、氢氧化钙、磷酸盐、过氧化物、次氯酸盐、氯酸盐、特殊黏土、硫酸铝、聚合硫酸铝中的一种或几种的混合物。所述特殊黏土可以是活化后的蒙脱石、膨润土、凹凸棒、沸石和硅藻土中的一种或几种的混合物。

产品应用 本品用于工业废水及污水处理。

本药剂的投加位置在混凝工艺的前端或者是在过滤工艺的前端，也可在混凝工艺的前端与过滤工艺前端同时投加，以液体形式投加，或者以固体形式投加，投加药剂量为10～100mg/L的有效药剂量。

产品特性

(1) 原料易得，配比科学，工艺简单，价格低，无不良反应。

(2) 投加控制方面仅需要一套系统，操作运行管理方便简单，易于实现自动控制优势，其在受污染水的处理中充分发挥了除污染药剂中各成分的高效协同作用；既发挥了高铁锰复合药剂的高效除污、絮凝作用，又发挥了无机高分子优异的吸附卷扫作用，对污染水体的处理效果优异。

(3) 本药剂可以较长时间保存，本身含有天然的消毒剂，可以充分利用其高价强氧化性破坏病毒及细菌，消毒副产物的产生远小于氯消毒所产生的消毒副产物，而且该药剂在强化混凝，强化过滤去除浊度、色度、藻类、臭味，去除水中的微量有机污染物和致突变活性物质，降低卤仿前质和卤仿生成量，取代预氯化，降低混凝剂的用量方面有优异的表现。

(4) 经本药剂处理过的水体可达到工业废水排放标准和回用标准。

配方 86 水处理除污染药剂

原料配比

原料	配比(质量份)	
	1#	2#
高铁酸盐	20	35
硅酸盐聚合物	20	15
辅剂	60	50

制备方法 将各组分混合均匀即可。

原料介绍 所述高铁酸盐为高铁酸钾或高铁酸钠；所述硅酸盐聚合物可以和其

他物质形成高聚铁硅、高聚铝硅或高聚铁铝硅等化合物；所述辅剂根据实际水质可以为硫酸铁、氧化钙、氢氧化钙、磷酸盐、过氧化物、次氯酸盐、氯酸盐、特殊黏土、硫酸铝、聚合硫酸铝中的一种或几种的混合物。所述特殊黏土为活化后的蒙脱石、膨润土、凹凸棒、沸石和硅藻土中的一种或几种的混合物。

由于复合药剂中含有高铁酸盐和由硅酸盐在一定条件下聚合成的无机高分子物质，因而充分发挥了新型除污染药剂中各种成分间的良好的氧化、催化、电中和、吸附卷扫等协同作用。高铁盐（+6价）在水中反应特有的性质：氧化和破坏有机物，反应产物本身为铁盐（+3价），对人体无任何不良反应，生成效能良好的混凝剂；同时聚硅酸铁发挥其高价阳离子电中和作用和本身硅酸聚合物的高分子的吸附卷扫作用，其分子量可达 $10^5 \sim 10^6$，聚硅酸铁混凝剂与目前正在使用的无机混凝剂（硫酸铝、聚合硫酸铝、聚合氯化铝、聚合硫酸铁等）和有机高分子絮凝剂（聚丙烯酰胺等）相比，由于其分子量大、无毒、价格低、混凝效果优异等优势，非常有希望成为新一代的无机高分子混凝剂。

产品应用 本品主要应用于污水处理。

加药方法： 本品药剂的投加位置在混凝工艺的前端或者是在过滤工艺的前端，也可在混凝工艺的前端与过滤工艺前端同时投加，投加形式为以液体形式投加，或者以固体形式投加，投加药剂量为 $0 \sim 100 mg/L$ 的有效药剂量。

产品特性 本品含有天然的消毒剂，可以充分地利用其高价强氧化性破坏病毒及细菌，消毒副产物的产生远小于氯消毒所产生的消毒副产物，而且该药剂在强化混凝，强化过滤去除浊度、色度、藻类、臭味，去除水中的微量有机污染物和致突变活性物质，降低卤仿前质和卤仿生成量，取代预氯化，降低混凝剂的用量方面具有优异的表现。

配方 87　水处理催化剂

原料配比

原料	配比（质量份）						
	1#	2#	3#	4#	5#	6#	7#
二氧化锰	50	120	—	—	—	10	280
三氧化二铝	100	50	100	170	180	20	30
二氧化钛	100	50	180	50	—	280	10
四氧化三钴	20	40	—	30	—	120	80
炭粉	50	50	60	50	60	80	30
陶土	680	690	660	700	760	490	570

制备方法

（1）磨粉：将陶土、炭粉、二氧化锰、三氧化二铝、二氧化钛、四氧化三钴分别磨细到 100～400 目。

（2）造粒：将陶土掺二氧化锰、三氧化二铝、二氧化钛、四氧化三钴、炭粉，混匀后投入造粒机内，造粒到 3～8mm，得改性陶粒毛坯。

（3）干燥：将步骤（2）所得改性陶粒毛坯常温自然晾干。

（4）焙烧：将经步骤（3）处理的改性陶粒毛坯在焙烧炉内焙烧 5～25min（优选 15～20min），焙烧温度为 700～1200℃，得成品催化剂。

产品应用 本品主要应用于催化臭氧氧化处理废水中的有机物。

产品特性 本品用于臭氧氧化水处理，能高效去除废水中难生物降解的 COD 物质，提高臭氧的利用率，大幅降低废水处理生产成本，使用本催化剂催化臭氧处理废水后，废水中的难生物降解有机物含量（COD）值小于 5mg/L，达到反渗透脱盐过程的进水要求，并且可确保排放的废水满足国家标准或者达到回用水水质要求。

配方 88　水处理复合药剂

原料配比

原料	配比（质量份）	
	1#	2#
高锰酸盐	20	10
硅酸盐聚合物	15	20
辅剂	65	70

制备方法 将各组分混合均匀即可。

原料介绍 所述高锰酸盐为高锰酸钾或高锰酸钠；所述硅酸盐聚合物可以和其他物质形成高聚铁硅、高聚铝硅或高聚铁铝硅等化合物；所述辅剂根据实际水质可以为硫酸铁、氧化钙、氢氧化钙、磷酸盐、过氧化物、次氯酸盐、氯酸盐、特殊黏土、硫酸铝、聚合硫酸铝中的一种或几种的混合物。所述特殊黏土为活化后的蒙脱石、膨润土、凹凸棒、沸石和硅藻土中的一种或几种的混合物。

由于复合药剂中含有高锰酸盐和由硅酸盐在一定条件下聚合成的无机高分子物质，因而充分发挥了新型除污染药剂中各种成分间的良好的氧化、催化、电中和、吸附卷扫等协同作用。高锰酸盐（+7 价）具有氧化破坏有机物，生成二氧化锰吸附胶体杂质和有机物及起到催化氧化作用，达到强化混凝、强化过滤的效果；同时聚硅酸铁发挥其高价阳离子电中和作用和本身硅酸聚合物高分子的吸附卷扫作用，其分子量可达 $10^5 \sim 10^6$，聚硅酸铁混凝剂与目前正在使用的无机混凝剂（硫酸铝、聚合硫酸铝、聚合氯化铝、聚合硫酸铁等）和有机高分子絮凝剂（聚丙烯酰胺等）相比，由于其分子量大、无毒、价格低、混凝效果优异等优势，非常有希望成为新一代的无机高分子混凝剂。

产品应用 本品主要应用于污水处理。

加药方法：本品药剂的投加位置在混凝工艺的前端或者是在过滤工艺的前端，也可在混凝工艺的前端与过滤工艺前端同时投加，投加形式为以液体形式投加，或者以固体形式投加，投加药剂量为 0~100mg/L 的有效药剂量。

产品特性 本品的除污药剂本身含有天然的消毒剂，可以充分地利用其高价强氧化性破坏病毒及细菌，消毒副产物的产生远小于氯消毒所产生的消毒副产物，而且该药剂在强化混凝，强化过滤去除浊度、色度、藻类、臭味，去除水中的微量有机污染物和致突变活性物质，降低卤仿前质和卤仿生成量，取代预氯化，降低混凝剂的用量方面具有优异的表现。例如，该水处理除污复合药剂在黄河流域四类水体的处理实验中，投加量以铁计为 5~8mg/L 时，仅在混凝沉淀工艺中 COD_{Mn} 就能去除 70%~80%，亚硝酸盐氮全部去除，对黄河下游湖泊水库水体藻类的去除率可达 90%~95%，色度去除率可达 80%。对 COD_{Cr} 为 120~130mg/L 的工业废水，投加量以铁计为 5~8mg/L 时，仅在混凝沉淀工艺中就去除 COD_{Cr}70%~80%左右，基本达到工业废水排放标准和回用标准。

配方 89　含缓蚀剂的水处理剂

原料配比

原料	配比(质量份)		原料	配比(质量份)	
	1#	2#		1#	2#
腐植酸钠固体	0.025	0.025	六亚甲基四胺	0.15	0.25
氢氧化钠	0.1	0.1	油酸钠	0.1	0.1
硅酸钠	0.25	0.25	水	1000	1000
十二烷基苯磺酸钠	0.2	0.5			

制备方法　称取腐植酸钠固体加入到 1L 的自来水中，再加入氢氧化钠，调其 pH 值为 8.0~9.0，用循环水式多用真空泵对其进行抽滤，取滤液 500mL 备用。分别称取硅酸钠、十二烷基苯磺酸钠、六亚甲基四胺和油酸钠加入到制备好的 500mL 碱性腐植酸钠溶液中，混合均匀。

产品应用　本品主要应用于废水处理。

产品特性　本品复合缓蚀剂无毒、无污染，可与腐植酸钠水处理剂复配使用。本缓蚀剂的独特之处在于能与腐植酸钠发生协同效应，使防垢、除垢、杀菌灭藻和缓蚀作用充分发挥，进一步完善腐植酸钠水处理剂产品。

配方 90　多功能污水处理剂

原料配比

原料	配比(质量份)					
	1#	2#	3#	4#	5#	6#
十六烷基三甲基溴化铵	3	6	6	6	3	6
氢氧化钠	0.5	1	1	1	0.5	1
硫酸锰	0.25	1	0.25	—	—	—
氯化钙	—	0.25	—	0.25	—	—
硝酸铁	—	—	—	—	0.3	0.3
正硅酸乙酯	—	—	1	1	—	1
去离子水	33	40	40	40	33	40

制备方法

(1) 将十六烷基三甲基溴化铵和氢氧化钠溶解在去离子水中。

(2) 向步骤 (1) 的溶液中按料液质量比为 1∶(100~500) 加入含有锰、钙、铁、硅中的一种或几种的盐。

(3) 将步骤 (2) 的物料在反应釜中于 70~110℃ 晶化 3~7 天，过滤后在温度不低于 70℃ 烘干 2~12h。

(4) 将步骤 (3) 所得干燥物于 500~600℃ 空气气氛中煅烧 6~10h 即得水处理剂。水处理剂比表面积在 500~1000m²/g 之间，孔容在 0.4~0.8cm³/g 之间，平均孔径在 2.2~3.3nm 之间。

产品应用　本品为多功能污水处理剂，用于高浓度难处理污水的处理效果更为明显。

本品除了应用于一般的污水处理外，还可在紫外光的照射下作为光催化剂使用，通过光催化氧化高浓度废水，处理效果很明显；对有机物先通过絮凝和化学吸附的方式吸附在水处理剂表面，然后在紫外光的照射下彻底分解成 CO_2 和 H_2O，污水处理后可达到国家一级排放标准。

产品特性 本品原料易得，配比科学，生产所需设备简单，占地面积小，处理过程中不需高温高压，反应产物主要是水和二氧化碳，对环境造成的二次污染极小；产品集强力杀菌、絮凝、氧化和脱色于一身，可以有效地杀死污水中的细菌，不需要考虑污水中的离子情况，处理效果好，应用范围广。

配方 91 水处理药剂

原料配比

原料		配比（质量份）					
		1#	2#	3#	4#	5#	6#
氯酸类及其盐类	氯酸钠	—	—	—	—	5	—
	高氯酸	—	—	—	1	—	—
	亚氯酸钠	2	2	—	—	—	0.1
	次氯酸钙	—	3	—	—	—	—
	次氯酸钠	—	—	2	—	—	—
水溶性铝盐	硫酸铝	98	5	—	—	95	99.9
	硫酸铝钾	—	—	—	95	—	—
	硫酸铝铵	—	—	98	—	—	—
	结晶氯化铝	—	—	—	4	—	—
	聚合氯化铝	—	90	—	—	—	—

制备方法 将各组分混合均匀即可。

产品应用 本品适用于处理造纸废水、印染废水、油田废水（回注水）、食品废水、皮革废水等。

本品的应用条件及操作过程为：按 90% 的水和 10% 的水处理剂的比例将水放入搅拌罐，加入本水处理剂进行搅拌溶解，形成水处理剂水溶液；然后，按 99%～99.95% 废水加入 0.05%～1% 上述水处理剂水溶液。处理后的废水在进入沉淀池前还可以加入聚丙烯酰胺以加速沉淀。

产品特性 本品含有氯酸类及其盐类和水溶性铝盐类，在处理废水过程中，不仅可以除去水中的悬浮物和胶体粒子，降低 COD、BOD 值，而且还可以脱色、除臭以及可以使处理后的废水或沉淀物回用。

配方 92 水处理洁净剂

原料配比

原料	配比（质量份）		原料	配比（质量份）	
	1#	2#		1#	2#
电熔镁砂粉尘	1	1	水	17	17
硫酸	1.84	1.9	碳酸钠	2.1	2.1

制备方法

（1）按生产水处理洁净剂原料配比取原料，将水加入镁砂（电熔镁砂、轻烧镁砂、重烧镁砂）粉尘内，经过旋流搅拌器搅拌；

（2）在搅拌的过程中将硫酸（或盐酸、硝酸）滴入，滴加速度使温度控制在 70℃ 以下为宜，滴加完毕后继续搅拌 20min；

（3）将混合液体放入过滤装置，滤去杂质；

（4）将碳酸钠溶于水中，加入过滤后的混合液体，生成碳酸镁沉淀物；

（5）将碳酸镁沉淀物过滤、洗涤；

（6）将经过沉淀、过滤、洗涤后的碳酸镁放置在烘干箱内，在160～180℃进行烘干；

（7）将烘干后的碳酸镁在焙烧炉内焙烧，加热温度在900℃以上，焙烧时间2h，制成水处理洁净剂。

产品应用　本品主要应用于污水处理。

产品特性　本品解决了固体废弃物堆积的镁砂粉尘造成的环境污染，综合利用其制造生产出一种环保药剂——水处理洁净剂，作为吸附剂用于治理工业酸性废水污水处理，治理后的工业酸性废水可用作生产用水或农业灌溉用水，水处理酸根去除率可达95%以上。

配方 93　水处理用稀土混凝剂

原料配比

原料	配比（质量份）			
	1#	2#	3#	4#
稀土精矿	10	25	10	20
浓度为2mol/L的盐酸	100（体积份）	—	—	—
浓度为6mol/L的盐酸	—	100（体积份）	—	—
浓度为3mol/L的盐酸	—	—	100（体积份）	—
浓度为5mol/L的盐酸	—	—	—	100（体积份）

制备方法

（1）淘洗、烘干稀土精矿。

（2）淘洗、烘干后的稀土精矿与盐酸溶液在反应器中混合，加热到100～250℃，并搅拌反应1～4h。

（3）反应后的母液采用真空吸滤，滤出液以备后续熟化浓缩，滤渣回收利用。

（4）滤出液放入水浴锅中，在60～100℃的温度下加热熟化1～3h，成品为淡黄色液体，pH＝2～3，密度为1.04～1.10kg/L，即为可用于水处理的稀土混凝剂。

产品应用　本品主要应用于污水处理。

产品特性　本品是用稀土精矿与盐酸溶液进行反应制取，用于生活污水和黄河水处理，混凝效果优于市售的常规混凝剂。针对两种水质，制备的稀土混凝剂具有絮凝速度快、絮体密实而大、含水率低、沉降性能好、污泥体积小、出水水质优等特点，不仅有利于节省后续污泥处理的成本及大大降低滤池的反冲洗用水量，而且可提高已建水厂的处理能力，拓展了稀土在水处理中的应用发展前景。

配方 94　水处理增效剂

原料配比

原料	配比（质量份）		原料	配比（质量份）	
	1#	2#		1#	2#
羧甲基淀粉钠	8	6	瓜尔胶	3	5
壳聚糖	2	3	黄原胶	2	3
乙酸	1	2			

制备方法 将各组分混合均匀即可。

产品应用 本品主要应用于污水处理。

产品特性 本品配方合理，净水效果好，生产成本低。

配方 95　铁基复合型水处理剂

原料配比

原料	配比（质量份）			
	1#	2#	3#	4#
水	42	50	26	30
浓硫酸	5	15	24	21
硫酸亚铁	100	150	120	140
氯酸钾	4	—	—	—
氯酸镁	—	9.5	—	—
氯酸钙	—	—	10	—
氯酸钠	—	—	—	14
聚丙烯酰胺	0.21	1.2	0.7	4

制备方法 将硫酸亚铁经水溶解，加硫酸，加催化剂反应，使其聚合形成无机高分子化合物液体聚合硫酸铁（反应温度为室温，反应时间为 0.5～4h）；然后，在得到的液体聚合硫酸铁中投加有机高分子化合物进行复合，形成胶状的物质即为本品。

产品应用 本品主要应用于高、中、低浊度的源水和工业废水、污水处理。

产品特性

（1）在无机高分子化合物聚合硫酸铁中引入阴离子和有机高分子化合物；

（2）铁含量高，盐基度高，含铁 13%～14% 的产品，盐基度高达 16.5%，即聚合度高；

（3）稳定性好，适用范围广，使用 pH 值范围为 4～11，产品存放一年以上也不会分层，无沉淀物；

（4）产品水溶性好，使用方便。

配方 96　退浆废水处理剂

原料配比

原料	配比（质量份）		
	1#	2#	3#
聚合氯化铝	20	30	39
二氧化硅	20	25	16
硅酸钠	30	20	25
三氧化二铝	5	8	10
七水硫酸镁	1	1.5	1.9
硼酸	1	0.5	0.8
十八烷基三甲基溴化铵	0.1	0.3	0.2
脱乙酸壳聚糖	0.2	0.1	0.3

制备方法

（1）将聚合氯化铝、硅酸钠、脱乙酸壳聚糖放入反应器内，在 15～25℃ 的温度下搅拌 15min，使其溶解；

（2）向步骤（1）的物料中加入十八烷基三甲基溴化铵，并升温至 30～70℃，继续搅拌30min,当物料泡沫增多且呈黏稠状时,再加入硼酸、七水硫酸镁,继续搅拌60min后,停止搅拌并静置120～720min;

(3) 向步骤(2)的物料中加入二氧化硅、三氧化二铝,并升温至40℃,继续搅拌60min;

(4) 将步骤(3)的物料依次用离心机进行脱水、在60℃的烘箱干燥处理、用粉碎机进行粉碎研磨、用120～180目的筛子进行过筛,即可制得成品。

产品应用 本品可去除废水中的PVA(聚乙烯醇),适用于对织物坯布退浆废水的处理。

产品特性 本品原料配比科学,含有聚合氯化铝、三氧化二铝、七水硫酸镁和十八烷基三甲基溴化铵等带正电的多核配位物,对废水中的胶体颗粒会产生电中和、脱稳作用;又由于二氧化硅和硅酸钠等硅系化合物内部的单斜晶格和内部电荷不平衡所形成的微孔,对废水中的有机物具有很强的吸附作用;而硼系化合物硼酸和脱乙酸壳聚糖则是PVA的优良螯合剂和凝胶剂。因此,在上述物质的共同作用下,废水中的PVA经螯合、电中和、脱稳、吸附架桥、黏附卷扫,会产生良好的絮凝、沉淀,PVA去除效果好,去除效果达75%以上,减少了退浆废水中PVA的含量,降低了对环境的污染。

配方 97　微波污水处理专用添加剂

原料配比

原料		配比(质量份)	
		1#	2#
Ⅰ号添加剂	Ca(OH)$_2$	35	38
	Al$_2$O$_3$・2SiO$_2$・2H$_2$O	48	46
	Al$_2$O$_3$・4SiO$_2$・H$_2$O	17	16
Ⅱ号添加剂	NaHCO$_3$	30	32
	2Al$_2$O$_3$・4SiO$_2$・H$_2$O	70	68
Ⅲ号添加剂	FeCl$_3$	38	40
	AlCl$_3$	43	45
	聚合硅酸	19	15
Ⅰ号添加剂		36	40
Ⅱ号添加剂		52	52
Ⅲ号添加剂		12	8

制备方法 采用两极搅拌罐搅拌,首先将Ⅰ、Ⅱ号添加剂投加到运转中的一级搅拌罐中,而后送到运转中的二级搅拌罐,再加入溶解的Ⅲ号添加剂。

产品应用 本品主要应用于污水处理。

使用方法:首先将Ⅰ号添加剂与Ⅱ号添加剂按质量比添加到严重污染的污水中,搅拌后按质量分数添加Ⅲ号添加剂的水溶液,水与Ⅲ号添加剂的质量比为12:1,经搅拌后进入微波场。各号添加剂的用量及各种成分的配制,根据所处理的污水水质状况予以调节。各号添加剂与污水搅拌后进入微波处理场,在微波的穿透、选择性加热和催化作用下,加快了添加剂与污染物的物理化学反应,微波处理后的污水中的污染物与添加剂的汇聚沉降速率比常规处理法用常规添加剂快十倍,水质得到明显净化,达到国家《污水综合排放标准》中一级标准的要求。尤其处理严重污染的工业废水,上述方法与常规处理方法相比具有非常明显的优势。这种添加剂原料来源丰富，价格低廉，经过微波处理后的污泥无毒无菌，可作肥料与改良土壤剂。

产品特性 本品专用添加剂具有污染物汇聚沉降速度快，水质净化效果显著，原料来源丰富，价格低廉等优点，产生的污泥无菌无毒，可作肥料与改良土壤剂。

配方 98 微生物复合污水处理剂

原料配比

原料	配比（质量份）				
	1#	2#	3#	4#	5#
硝化细菌	5	10	12	12	15
反硝化细菌	5	8	10	10	15
芽孢杆菌	5	8	10	10	15
光合菌	5	8	10	10	15
聚磷菌	5	10	11	11	12
酵母菌	5	12	8	6	10
丝状真菌	5	—	1	5	8
乳酸菌	10	10	—	—	2
放线菌	—	2	4	8	8

制备方法 将各组分混合均匀即可。

原料介绍 所述单种菌的每克培养基中均含有 0.8 亿～2 亿个菌。

产品应用 本品主要应用于污水处理。

产品特性 本品具有高效、无污染的特点，采用直投 SBQ 微生物法净水技术，有效活菌数量大，具有高度浓缩、投放量少的特点，一般情况下不需要投加微生物复合制剂和活性炭，如遇到特殊情况（如有机负荷突然大幅度增高，超过设计负荷的 300％以上）时需补加微生物以增强处理能力。SBQ 微生物在污染水体中可迅速增殖，对污染物进行高效分解。治理污水整个过程中，无任何有毒化学品掺入，采用的微生物均是从自然界选育的有益微生物，不会对环境造成二次污染。本品的处理污水方法成本低、投资省、运行费用低、适应性强、产泥量少、污水处理效果好。

配方 99 硅藻土污水处理剂

原料配比

原料	配比（质量份）				
	1#	2#	3#	4#	5#
硅藻精土	2400	2000	2000	2400	2800
沸石（A 型）	1120	1400	1400	1600	1200
膨润精土	480	600	600	—	—
CTAB	6	6	—	—	—
TMAB	4	4	—	—	—
SDS	—	—	40	40	—
PAC	—	—	160	160	—
PFC	—	—	—	—	80
PAM	—	—	—	—	2
无水乙醇	20（体积份）	20（体积份）	80（体积份）	80（体积份）	—

制备方法

（1）将硅藻精土、沸石（A 型）、膨润精土置于高速捏合机中，进行搅拌 10～15min，其间加热至 90～120℃，配制成改性剂。

（2）将配制好的改性剂加入到高速捏合机中，继续加热搅拌 15～20min。其中，CTAB、TMAB 采用乙醇稀释；SDS 用无水乙醇配制成质量分数为 40%～45% 的溶液；PAC、PFC、PAM 采用干粉直接加入。

以 1# 为例，具体制备方法如下：

（1）称取硅藻精土、沸石（A 型）、膨润精土，放入 GRH-15 高速捏合机中，加热搅拌 10min，待物料的温度升至 95℃后，继续搅拌 5min 得到组分 A；

（2）分别称取 CTAB 和 TMAB，倒入 200mL 烧杯中，加入无水乙醇，溶解搅拌均匀得到组分 B；

（3）将组分 B 加入到组分 A 的 GRH-15 高速捏合机中，再加热搅拌 10min，即得产品。

原料介绍

本品根据上述三种天然微孔材料的特点（孔径及比表面积）来确定污水处理剂的组成。对达到一定纯度的天然微孔材料，根据污水特性进行相应的改性与复合。改性的目的在于改善硅藻土孔内及表面的负电性，增加沸石、蒙脱石的离子交换能力。

针对有机物含量较多的污水，进行 CTAB、TMAB 改性。改性剂的组成含量，以天然微孔材料（三种微孔材料的复合）为 100 计，其中 CTAB 为 0.1～0.3，或 TMAB 为 0.15～0.4；或二者组合，CTAB 和 TMAB 混合总量为 0.1～0.3。

针对重金属离子较多的污水，进行 SDS+PAC 改性复合，改性剂的组成含量，以天然微孔材料（两种或三种微孔材料的复合）为 100 计，其中 SDS 和 PAC 总量为 1～5。

针对高悬浮物污水进行 PFC+PAM 复合改性，改性剂的组成含量，以天然微孔材料（两种或三种微孔材料的复合）为 100 计，其中 PFC 为 1～3，PAM 为 0.001～0.005。

针对处理含有多种污染物的污水，对具有不同孔径的硅藻土和沸石组成比例做适当的调整。其原则为离子性污染物多，沸石比例增高；污染物颗粒大，硅藻土用量增加。

本品处理污水的原理如下：天然微孔材料污水处理剂，经加水预先搅拌后，加入到污水池中，在高速搅拌或吸污水的泵机叶片旋转下，分散于水体中，微孔污水处理剂表面的不平衡电位中和悬浮离子的带电性，使其相斥电位受到减弱，而与污水处理剂形成絮团或凝聚成大的絮花。材料巨大的比表面积、孔体积及较强的吸附性，能将污水中的微细物质吸附到微孔材料表面及孔隙内部。絮团颗粒借重力沉降作用迅速沉淀至池底，并与处理后的清洁水体分离，沉渣呈饼状袋装取走。处理污水后获得的沉渣，可再利用或回收其中的微孔材料。

产品应用 本品可用于对含有重金属离子和苯酚、胺等有机污染物污水的处理。

1#～3# 产品可用于对含有苯酚、胺等为主的污水进行吸附处理；4# 产品可用于对含有重金属离子 Pb^{2+}、Cd^{2+}、Zn^{2+}、Cr^{3+} 等的污水进行吸附处理；5# 产品可用于对污水沟的生活污水进行处理。

产品特性 本品是由天然微孔材料进行加工制成，材料价格低廉，污水处理运营成本低；天然微孔材料对水质具有良好的渗透性，污泥可压滤成饼，避免污泥的二次污染；不同孔径的天然微孔材料的组合对细菌、真菌、原生物等污染物的富集作用，使污水处理剂在起过滤、絮凝作用的同时，可作为消化细菌等微生物的载体，对于处理难降解、难生化、含抗生素的污水治理效果显著。

配方 100 漂白粉污水处理剂

原料配比

原料	配比(质量份)		
	1#	2#	3#
白矾	1	1.5	2
高锰酸钠	3	2.5	2
漂白粉	3	3.5	3
水	16	18	适量

制备方法 取白矾、高锰酸钠、漂白粉和水加入容器内溶化,水温为65～100℃,溶化时间为20～40min,即得。

产品应用 本品适用于造纸污水、印染污水、制革污水、生活污水的处理。

产品特性 本品原料易得,工艺简单,使用方便,处理污水不仅速度快,而且处理比较彻底,既可达到排放标准,也可循环利用,节约水资源。

配方 101 聚合三氯化铁污水处理剂

原料配比

原料	配比(质量份)			
	1#	2#	3#	4#
聚合三氯化铁	25	31	30	40
聚丙烯酰胺	10	13	12	15
聚乙烯亚胺	7	8	10	12
膨润土	28	32	35	43

制备方法 将各组分混合均匀即可。

原料介绍 所述的聚合三氯化铁的相对密度为1.45,酸性,易溶于水。铝盐絮凝剂残留铝对人体带来严重危害及存在铝的生物毒性等问题,铁盐絮凝剂混凝效果差、产品稳定性不好。与铝盐絮凝剂相比,本品具有适用pH值范围广,处理后水的pH值降低不大,不增加水的色度,处理效果优异等特点,当处理的水温较低时,效果更明显。

作为无机物成分的膨润土与作为有机物成分的聚丙烯酰胺、聚乙烯亚胺共同混合使用,无机物作为混凝剂,有机物是絮凝剂,两者共同协作可以很好地促进絮凝剂处理效果。

产品应用 本品主要应用于处理纺织、化工等工业废水,也适用于生活用水及生产给水的净化处理。

产品特性 本品选用的聚合氯化铁易溶于水,混凝效果优异,产品稳定性好,适用pH值范围广,处理后的水pH值降低不大,同时使用无机物与有机物成分作为混凝剂,使得本品具有优异的絮凝效果。本品具有净化速度快、效果好、环保无毒等优点。

配方 102 辉石安山玢岩污水处理剂

原料配比

原料	配比(质量份)	原料	配比(质量份)
辉石安山玢岩	5	氯化钠②	1
氯化钠①	1	氯化钠③	1

制备方法

（1）将辉石安山玢岩研成直径为 2～9mm 的细末；

（2）将经步骤（1）处理的辉石安山玢岩与氯化钠①混合后，加水没过上述混合物，至少浸泡 24h；

（3）向步骤（2）的混合物内加入氯化钠②，加水没过该混合物，至少浸泡 24h；

（4）向步骤（3）的混合物内加入氯化钠③，加水浸泡至少 24h；

（5）滤出步骤（4）的混合物中的固体物质，干燥至含水 5％～10％，即得产品。

产品应用 本品适用于城市污水及各种印染工业污水的处理，如毛纺厂、丝织厂、织布厂、人造纤维厂、腈纶染织厂、色织厂的污水及重离子污水的处理。

使用本品处理污水步骤如下：

（1）将 1t 污水处理剂加入到 2000～3000m³ 污水中，搅拌至少 30min，向污水内加入絮凝剂。所述絮凝剂可以是无机絮凝剂或有机絮凝剂，用量按 1000kg 污水处理剂加入 4～6kg 絮凝剂的比例计算。

（2）排出清水，去除污水贮水池内的沉降物。

产品特性 本品仅由辉石安山玢岩和氯化钠两种成分混合浸泡再晾干而成，无须特殊设备，成本低，工艺简单；制得的产品价格低廉，除污效率高，效果稳定，而且能耗低，占地面积小，运行费用低；在处理污水结束时产生的废料可直接送水泥厂制作水泥，避免了二次污染。

配方 103　硫酸铁污水处理剂

原料配比

原料	配比（质量份）		原料	配比（质量份）	
	1#	2#		1#	2#
硫酸铁	200	300	膨润土	80	180
硫酸铝	0.5	1	过硫酸盐	20	100
氧化钙	100	120	硫酸钡	10	60

制备方法 将各组分混合均匀即可。

产品应用 本品主要应用于印染污水处理。

产品特性 本品以硫酸铁、硫酸铝、氧化钙、膨润土与过硫酸盐等为原料制成。利用本品对污水进行处理，处理后的废水近似无色透明，处理彻底、处理成本低，无毒性、无污染，处理后的废水满足国家污水综合排放标准的要求。

配方 104　污水处理剂

原料配比

表 1　污水处理剂

原料	配比（质量份）												
	1#	2#	3#	4#	5#	6#	7#	8#	9#	10#	11#	12#	13#
组分一	1	1	1	1	1	1	1	1	1	1	1	1	1
硫酸	0.2	0.3	0.4	0.2	0.3	0.4	0.2	0.2	0.4	0.3	0.3	0.3	0.3
硫酸亚铁	1	1	1	1	1	1	1	1	1	1	1	1	1
硫酸镁	0.05	0.08	0.1	0.05	0.08	0.1	0.05	0.05	0.1	0.08	0.08	0.08	0.08
稀土	—	—	—	10	10	10	15	20	20	20	—	—	18

表 2 组分一

原料	配比（质量份）												
	1#	2#	3#	4#	5#	6#	7#	8#	9#	10#	11#	12#	13#
沸石粉	50	60	70	50	60	70	50	50	70	60	55	65	65
膨润土	50	40	30	50	40	30	50	50	30	40	45	35	35

制备方法

（1）称取各原料，将沸石粉放入高温炉中在 700~800℃高温下焙烧 30~35min，冷却至 160~200℃；

（2）将步骤（1）的物料与膨润土、硫酸、硫酸亚铁、硫酸镁、稀土放入反应罐中混合、搅拌 120~150min；

（3）将步骤（2）的物料粉碎，即得到粉末状固体污水处理剂。

产品应用 本品可广泛用于各种污水的处理。

在处理污水时，应用本污水处理剂，需要建立专门的污水处理装置（工程）和工作流程，通过污水处理剂与污水的相互作用，达到清除污染物的要求。污水处理的工程设计根据现场的实际情况而定，或者可用移动式的专门设施。若采用絮凝沉淀法，使用本药剂的一般工作流程，按顺序分成六个部分：

（1）投污水处理剂：本品通常用清水稀释 10~20 倍，稀释后的溶液装入安有流量计和搅拌器的药罐内。流量计用于指示污水处理剂的流量，搅拌器则要使污水处理剂始终处于均匀悬浮状态。污水处理剂的流量应与处理污水所需要量相一致。由于污水性质和处理难度不同，所以用量不同。在此要说明的是，本品的最佳絮凝沉淀介质条件是 pH=8 左右，若处理的污水为中性水（pH=7 左右），加入污水处理剂后酸度会提高，这就得加进少量助剂（石灰或烧碱）来调整 pH 值，使其返回到 8 左右。可以先加污水处理剂后加助剂，也可以先加助剂再加污水处理剂。

（2）混合：是指污水与污水处理剂的混合。要求混合时间不少于 15min，最好是能用曝气处理法促进混合，使污水处理剂有足够的时间、充分的条件与污染物接触而进行吸附、离子交换及其他物理化学作用，以求达到最大的吸附交接量。

（3）缓冲：目的是降低充满矾花的污水流速，使其得以缓慢、平静地进入沉淀空间。

（4）沉淀：沉淀的重要条件是水体要稳定。粗粒级沉淀时间约为 2~3min，微细料级则需 40~50min。可以考虑在沉淀的空间设计某种促沉淀澄清装置，以求获得更为良好的沉淀效果。

（5）过滤：目前一般用河砂或碎石作过滤层，它实际上不起多少作用。如果要确保清液回返使用，建议用三层过滤，即河砂→P 矿砂→Z 矿砂。

（6）排放：经过滤的清水，可以达标排放或回返使用。

产品特性

（1）原料易得，配比科学，成本较低。

（2）污水处理效果好，尤其对含有重金属（Hg、Cd、Pb、Cr、Ni、Be 等）和含有耗氧有机物（COD、BOD）、含有植物营养素（如 P、K 等）、含有放射性物质（^{187}Cr、^{90}Sr、^{60}Co、^{45}Ca 等）、含有各种微细固体悬浮物、水体色度较高、水体有异味的污水有较好的处理效果，同时能够调整污水的酸碱度，使其接近天然水的 pH 值，清除或减少水中 Ca、Mg 元素，软化硬水。

（3）产品为粉末状，包装、运输及使用方便。

（4）本品制备方便，成本较低。

配方 105 膨润土污水处理剂

原料配比

表 1 新型纳米膨润土

原料	配比（质量份）		
	1#	2#	3#
膨润土原矿	100	80	50
十八烷基二甲基苄基氯化铵	5	—	—
碳酸锂	—	5	—
碳酸钠	—	—	10
聚丙烯酸	—	—	500
盐酸	—	—	5
去离子水	800	800	—
氢氧化钠	10	—	—
硫酸	10	—	—

表 2 污水处理剂

原料	配比（质量份）		
	1#	2#	3#
新型纳米膨润土	10	5	10
聚丙烯酰胺	50	50	—
聚丙烯酸	—	—	50

制备方法

（1）在膨润土原矿中加入改性剂，在常温、常压下进行改性处理；

（2）在改性处理后的膨润土中加入悬浮分散剂，将其分散、悬浮；

（3）加入碱性活化剂，充分搅拌 10～120min，进行活化处理，之后加入质子化剂，充分搅拌 10～60min；

（4）将活化的膨润土在 1000～11000r/min 转速下高速剪切 5～240min，得到小尺寸的膨润土液；

（5）将小尺寸的膨润土液在 2000～15000r/min 转速下离心处理 5～120min，制得纳米膨润土液；

（6）将纳米膨润土液在 10～250℃温度下浓缩或干燥 1～30h，得到所述的新型纳米膨润土；

（7）取上述新型纳米膨润土与聚丙烯酰胺或聚丙烯酸，搅拌混合均匀，制得本品污水处理剂。

原料介绍 本品的新型纳米膨润土是一种无机纳米膨润土，粒径为 1～100nm，优选 1～30nm，最优选为 5～10nm。其具有很大的比表面积，大约在 800m²/g 以上，其表面原子数很多且原子配位严重不足，因此具有很高的活性，很容易与其他原子结合，在吸附污染物后迅速沉降。本品的新型纳米膨润土在 250～350nm 紫外光处有选择性吸收，大约在 300nm 紫外光处有最大吸收，吸收度达到 99% 以上，其吸收峰的顶点相对于膨润土原矿吸收峰的顶点存在蓝移现象，蓝移范围为 30～80nm。本品中所用的分散剂为水和水溶性高分子聚合物，所述的水溶性高分子聚合物可选自聚丙烯酰胺或聚丙烯酸。本品中所用的分散剂可选自水、聚丙烯酰胺和聚丙烯酸中的一种或多种。该分散剂能防止纳米膨润土团聚，使纳米膨润土发挥更好的综合处理污水的作用。

在制备新型纳米膨润土中所使用的改性剂季铵盐阳离子表面活性剂可以是现有技术中常规使用的任何季铵盐阳离子表面活性剂，其分子式为 $R^1R^2R^3R^4N^+X^-$，其中 R^1 为碳原子数为 12～60 的长链烷基，R^2 为碳原子数为 1～22 的芳基或烷基，R^3 为碳原子数为 2～8 的羟基取代的烷基或芳基，R^4 是与 R^2 或 R^3 相同的基团，X^- 为 Cl^-、Br^-、I^-、NO^{2-}、OH^-、$CH_3SO_4^-$ 或 $C_2H_3O_2^-$。优选的季铵盐阳离子表面活性剂为十八烷基二甲基苄基氯化铵、双十八烷基二甲基苄基氯化铵、十八烷基甲基苄基羟乙基硝酸铵、十八烷基甲基苄基羟乙基氯化铵、十二烷基异丁基苄基羟丙基氯化铵、十六烷基三甲基溴化铵。

在制备新型纳米膨润土中所使用的悬浮分散剂可以是去离子水、乙醇、乙二醇或水溶性高分子聚合物。所述的碱性活化剂包括氢氧化钠、碳酸钠、乙醇胺等。所述的质子化剂包括硫酸、盐酸、冰醋酸等。

本品的污水处理剂还可包含其他选择性组分，诸如杀菌剂、漂白剂、防腐剂等，与其他絮凝剂复合使用，效果更佳。

产品应用 本品主要应用于污水处理。

使用方法：按污水的总质量计，使用浓度为 0.01%～10%。

产品特性 本品对各种污水、城市污水厂二级处理出水、自来水、地下水等中的有害物质进行超强吸附后，能够迅速沉降，达到处理和排放标准。本品的污水处理剂无不良反应、无污染，处理作用具有安全性。

配方 106 硫酸盐污水处理剂

原料配比

原料	配比(质量份)	原料	配比(质量份)
硫酸铝	40	硫酸锰	6
硫酸铁	10	立德粉	4
硫酸镁	40	水	适量

制备方法 采用一般方法均匀混合即得成品。

产品应用 本品可用于煤泥水、含油污水、印染废水、造纸废水、化工和城市污水的处理。

产品特性 本品使用范围广，沉淀效果好，污水中加入本品后，悬浮物立刻絮凝，快速沉淀，效率高，出水水质好，处理成本低；处理后溶液的 pH 近似中性，不含 Cl^-，不腐蚀水体系中的钢结构，无毒性，对人体健康无影响；处理后水无二次污染。

配方 107 聚合磷酸氯化铁污水处理剂

原料配比

原料	配比(质量份)		
	1#	2#	3#
聚合磷酸氯化铁	32	64	64
非晶质二氧化硅	63	16	39
各性硅酸盐	12	18	6

制备方法 将各组分混合均匀即可。

产品应用 本品主要应用于污水处理。

产品特性 使用本品的污水处理方法与生物处理方法相比，在资金投入、运行费用和占地面积方面均有优势，资金投入为 65%，运行成本为 75%，占地面积只有生物处理方法的 65%，处理范围广，可综合处理城市污水，去除率高，悬浮物的去除率达 99% 以上，处理后的水能见度可达 2m，处理效果好，污泥脱水容易，成本低。

配方 108　海带粉污水处理剂

原料配比

原料	配比（质量份）		
	1#	2#	3#
海带粉	1	2.5	—
海草粉	—	—	1.5
仙人掌粉	2	1	1.5
高碘酸钾（0.1mg/mL 溶液）	0.5	1	1
硝酸	50	60	70
磷酸	45	35	25
硫酸	1	0.5	1

制备方法

（1）将仙人掌粉碎成浆，烘干后碾压成粉状。

（2）将海带（或海草）烘干后粉碎成粉状。

（3）按比例取海带粉（或海草粉）、仙人掌粉，用 0.1mg/mL 的高碘酸钾溶液在容器中搅拌混合均匀。

（4）按比例取硝酸、磷酸、硫酸加入容器中与上述材料搅拌混合均匀。

（5）将搅拌混合好的材料放入烘箱，在 150℃ 下烘烤 20～30min 成为粉状颗粒后取出，即制得污水处理剂。

产品应用　本品主要应用于污水处理。

产品特性　由于污水处理剂采用的生产原料来源广泛，因此制造成本低廉。

本品成分以酸性材料为主，添加了一定数量海带粉（或海草粉）和仙人掌粉，使得药剂性能不但稳定，而且用药量少，处理成本低。含有海带粉（或海草粉）和仙人掌粉成分的污水处理剂投入污水后非常容易形成难溶的固态生成物，化学反应快，所以沉淀效率高，污水处理效果好，处理剂中的酸性材料也非常容易溶于水中，使得经处理的水既无毒性又不存在二次污染问题。

配方 109　阳离子聚丙烯酰胺污水处理剂

原料配比

原料	配比（质量份）	原料	配比（质量份）
水	1000	铜铝合金	适量
阳离子聚丙烯酰胺干粉	30	次氯酸钙（分析纯）	6000
纯碱	0.6	盐酸（分析纯）	3000

制备方法　将水加入化学反应釜中，用蒸汽加热到 38℃，边搅拌边加入固含量≥90%、分子量为 1000 万～1200 万的阳离子聚丙烯酰胺干粉，待搅拌均匀后加入稀释后的纯碱，2h 后加入用铜铝合金制成的催化剂，2h 后加入分析纯次氯酸钙，再经过 5h 的反应，加入分析纯盐酸，20min 后把产品放入 25kg 的塑料桶中备用。

产品应用 本品主要应用于污水处理。本品工作原理及用法和用量：

(1) 本品用于生活污水及有机废水的处理，使用时把本品稀释到 0.1％加入到污水中。由于本品在酸性或碱性介质中均呈现正电性，从而对污水中悬浮带负电荷的颗粒进行絮凝沉淀，如用于处理啤酒厂废水、味精厂废水、制糖厂废水、肉制品厂废水、饮料厂废水、纺织印染厂的废水等，澄清很有效，因为这类废水普遍带有负电荷。

(2) 本品用作以江河水作水源的自来水的处理絮凝剂，用量少、效果好、成本低，特别是和无机絮凝剂硫酸铝、聚合氯化铝、三氯化铁、硫酸亚铁等复合使用效果更好，在自来水中的用量为 0.05％，残余单体已达食品级，对人体无害。

产品特性 本品用量少、效果好、成本低，特别是和无机絮凝剂复合使用效果更好。

配方 110 氯化钠污水处理剂

原料配比

原料	配比（质量份）		
	1#	2#	3#
氯化钠	3	3	3
明矾	1	1.2	0.9
氢氧化钠	5	5	5

制备方法 将各组分混合均匀即可。

产品应用 本品主要应用于污水处理。

使用方法：使用时，将本污水处理剂溶于污水池中，经搅拌后沉淀 3h，再将悬浮于水面上的脂类物除去，然后把一次澄清水由上而下慢慢排入另一处理池中，继续沉淀 24h 后即可排放。

产品特性 本品中，氯化钠溶于污水中能分解污水中所含的蛋白质、脂肪、淀粉、纤维等有机物质，使其较轻的物质悬浮于水面，较重的物质沉淀在水底，并能杀灭其中的微生物。明矾溶于污水中后能使污水中的有机杂质进一步分解沉淀。氢氧化钠溶于污水中可完全电离，有极强的腐蚀性，能破坏纤维素等有机组织，并进一步分解残余杂质，使悬浮物充分分解沉淀，还能消除污水中的臭气及颜色，杀灭细菌，可用于污水的消毒净化处理，生产成本低，操作简单，无须设备投资，只需 1～2 个污水处理池即可。悬浮物主要为油脂类，还可提炼回收。

配方 111 咪唑啉季铵盐污水处理剂

原料配比

表1　咪唑啉季铵盐

原料	配比（质量份）		
	1#	2#	3#
硬脂酸	10	12	15
二乙烯三胺	15	19	25
硼酸	3	3.5	5
氯化苄	15	20	30

表2　污水处理剂

原料	配比（质量份）		
	1#	2#	3#
咪唑啉季铵盐	1	6	10
过氧乙酸	20	24	30

原料	配比(质量份)		
	1#	2#	3#
聚氧乙烯脂肪酸酯	10	15	25
明矾	1	4	5

制备方法

(1) 咪唑啉季铵盐的生产方法：将硬脂酸、二乙烯三胺、硼酸投入到预置反应釜中，充入氮气，搅拌，升温，直至无水分出，完成酰胺化反应，酰胺化反应温度为115~145℃；继续升温完成环化反应，环化反应温度为200~240℃；降温，加入氯化苄，完成季铵化反应，季铵化反应温度为40~60℃。

(2) 将咪唑啉季铵盐、过氧乙酸、聚氧乙烯脂肪酸酯、明矾依次投入到反应釜中，向反应釜内充入氮气，开启搅拌。

(3) 升温至60~100℃，搅拌均匀，直至各原料完全溶解，即可得到新型污水处理剂。

产品应用 本品主要应用于污水处理。

产品特性

(1) 所述的原料经复配产生的污水处理剂，其与钙离子、镁离子相结合，不仅可以加快絮凝速度，将含油废水中的油滴与悬浮物分离，而且可以通过增溶和分散作用除去钙盐和镁盐结晶产生的污垢，从根本上解决其产生的结垢问题。同时，该处理剂还可以除去水中的硫化氢和二氧化碳，不会腐蚀处理系统的管道和机泵，进而在处理过程中不会出现结垢、使细菌结膜的现象。经本污水处理剂处理过的含油废水中的水可以回收利用。

(2) 本品采用硬脂酸、二乙烯三胺发生环化反应，再与氯化苄发生季铵化反应，使咪唑啉季铵盐由油溶性变为水溶性，使其缓蚀性能更加稳定。

(3) 所述的本品生产工艺简单，使用方便，适宜普及推广和工业化生产。

配方 112　黏土污水处理剂

原料配比

原料	配比(质量份)			
	1#	2#	3#	4#
黏土	20	60	40	50
膨润土	80	40	60	50

制备方法 将各组分混合均匀即可。

原料介绍 本品各组分配比（质量份）范围为：黏土20~60、膨润土40~80。

产品应用 本品主要应用于污水处理。

产品特性 本品能够综合处理城市和工业污水；处理效果好，除悬浮物率能够达到95%以上；处理后的污水能够达到排放标准；原料价格低，来源广，因此成本大大降低。

配方 113　粉煤灰污水处理剂

原料配比

原料	配比(质量份)		
	1#	2#	3#
粉煤灰	50	100	75

续表

原料	配比(质量份)		
	1#	2#	3#
膨润土	30	50	40
酒石酸	5	10	8
苹果酸	3	5	4
硫酸铝	15	30	20
硫酸锌	10	15	13
碳酸钙	10	20	15
硫酸亚铁	10	20	15
碳酸氢钙	10	20	15
聚二甲基二烯丙基硫化铵	2	3	2.5

制备方法 将各组分混合均匀即可。

原料介绍 上述各种物质的粒径均为100~500目。

本配方通过控制和改变不同官能团的无机高分子和有机高分子物质添加的次序，在复合过程中发生和不发生反应的条件，达到这些组分在投加前保持良好的形态分布及其稳定性，投加后具有很快的形态转化和高效凝聚絮凝性。

通过添加特定成分使各种带有不同官能团的无机高分子和有机高分子物质能够在自然环境下保持独立性和良好的形态分布，进入工作状态后（投加后）能够促进各组分间协调工作，产生高效凝聚絮凝性。

通过控制复合条件，使各组分在复合过程中不发生反应。

产品应用 本品主要应用于污水处理。

产品特性

(1) 多能高效 一剂多效，即在功能上同时兼具絮凝剂、缓蚀剂、杀菌剂等多种药剂的功效，集众多水处理产品的优点于一身，既有聚铝（PAC）的电中和能力，又有聚铁（PFS）的沉淀速度，因此混凝性能更加优良，矾花大且紧密，去除的污泥致密、体积小且沉降速度快。本品能去除目前常用水处理剂难以处理的重金属离子、放射性物质、致癌物质、蓝藻、SS、COD、BOD等污染和有害物质，具有显著的脱色、脱臭、脱水、脱油、除菌等多种功效。由于污水处理效率高、功能全，所以处理相同容积的污水，药剂投放量只有常用水处理剂的1/5左右，污水处理的运行成本低。

(2) 绿色环保 所用的材料均为天然的有机酸和无机矿物质。

配方 114 活性炭污水处理剂

原料配比

原料	配比(质量份)		
	1#	2#	3#
氯化钠	15	18	20
石灰	0.5	0.8	1
活性炭	20	25	30
碳酸钠	0.5	1	2
氯化铁	10	12	15
聚丙烯酰胺	0.5	1	1.5

制备方法 将活性炭研磨成200目的粉末备用，将氯化钠、石灰、活性炭、碳

酸钠、氯化铁、聚丙烯酰胺混合搅拌均匀即得本品。

产品应用 本品主要应用于处理家庭污水或者小型工厂工业废水。

产品特性 本品中的活性炭可将污水中的悬浮颗粒、不易溶于水的颗粒吸除，氯化钠、石灰、碳酸钠可起到杀菌，分解水中脂肪、蛋白质等成分的作用，氯化铁絮凝净化效果好。本品成分简单，制备方法极其简单，且污水处理效果好。

配方 115 吸附物污水处理剂

原料配比

原料	配比（质量份）			
	1#	2#	3#	4#
氯化钠	15	20	16	18
石灰	0.5	1.5	0.6	1.2
吸附物	20	30	25	28
碳酸钠	0.5	2	1	1.5
氯化铁	10	15	12	14

制备方法 将各组分混合均匀即可。

原料介绍 所述的吸附物包括木屑、秸秆末、活性炭、稻壳，其中活性炭占吸附物总质量的$1/3 \sim 1/2$。

产品应用 本品主要应用于处理家庭污水或者小型工厂工业废水。

产品特性 本品中的吸附物可将污水中的悬浮颗粒、不易溶于水的颗粒吸除，氯化钠、石灰、碳酸钠可起到杀菌，分解水中脂肪、蛋白质等成分的作用，氯化铁絮凝净化效果好。本品成分简单，处理效果好，且环保、节约水资源。

配方 116 凹凸棒石黏土污水处理剂

原料配比

	原料	配比（质量份）		原料	配比（质量份）
配料一	凹凸棒石黏土	60	配料二	酸化后的凹凸棒石黏土	70
	水	37		明矾	22
	浓度为98%的硫酸	3		改性淀粉	8

制备方法

(1) 选料：凹凸棒石黏土经自然风化$20 \sim 60$天后晾干，水分应$\leqslant 13\%$；明矾应选用质量较好的晶体矾；一般淀粉不能用，必须是改性淀粉。

(2) 酸化：硫酸稀释后喷洒在凹凸棒石黏土上，用搅拌机搅拌均匀，堆积$24 \sim 48h$。

(3) 烘干：输送到烘干机内进行烘干，烘干温度控制在$120 \sim 160℃$，烘干后的凹凸棒石黏土水分应$\leqslant 5\%$。

(4) 磨粉：将酸化后的凹凸棒石黏土、明矾和改性淀粉共同磨粉，细度$\leqslant 0.074mm$，包装为成品。

原料介绍 凹凸棒石黏土是一种含水镁铝硅酸盐矿，它具有良好的吸附、脱色等性能，由于凹凸棒石黏土内部多孔道，比表面积大（可达$500m^2/g$以上），大部分的阳离子、水分子和一定大小的有机分子均可直接被吸附进孔道内，不易被电解质所絮凝，在高温下和盐水中稳定性良好。明矾是一种性能比较稳定的混凝剂。改性淀粉是天然高分子吸附剂。

产品应用 本品主要用于城镇污水处理，也适用于化工、酿造、医药、造纸等行业的污水处理。

使用方法：当污水进入沉淀池后，首先清除各种漂浮物，根据污水的具体情况，加入0.1%～2%的凹凸棒石黏土污水处理剂，用高压气泵冲翻数次，加速凹凸棒石黏土污水处理剂与污水的作用，在短时间内，污水就会产生絮凝状悬浮物，并迅速自然沉淀，达到脱色、净化污水的目的，澄清后的水即可达到排放标准，或放入另一池中，循环再次利用。凹凸棒石黏土污水处理剂和污水中沉淀物，可留在沉淀池中，稍许添加部分凹凸棒石黏土污水处理剂，即可进入下一轮污水的处理。当沉淀池中的污泥较多时，可将污泥转入污泥池中另做处理。

产品特性

（1）絮凝反应速率快，去除率高，且处理后的水质清亮，废渣含水率低，污泥体积小，脱水性能好。

（2）性能稳定，使用的温度和pH值范围宽，使用不受季节、区域的限制，而且便于贮存和运输。

（3）采用本品时，药剂的投加及浮选或沉降设施可利用现有的处理设施，无须增建，且运行成本低，适用范围广，操作简单方便。

（4）处理后的净水和污泥经过适当的处理后，可再次利用或排放，污泥是一种很好的有机肥料。

配方117 复合硫酸盐污水处理剂

原料配比

原料	配比（质量份）	原料	配比（质量份）
硫酸铝（纯度95%以上）	40	硫酸锰（纯度95%以上）	6
硫酸铁（纯度95%以上）	10	立德粉（纯度90%以上）	4
硫酸镁（纯度95%以上）	40		

制备方法 将各组分混合，在室温下搅拌约10min至全部溶解即可使用，使用温度在4～50℃。

本品处理污水的基本原理是将污水中的胶体破坏掉。污水中含有大量的悬浮物、乳化物等呈胶体状态存在。使用本品的药剂可把污水中胶体表面的电荷中和掉，从而破坏胶体悬浮物和乳化物等，使悬浮物快速沉淀。

产品应用 本品主要应用于污水处理。

产品特性

（1）使用范围广，沉淀效果好，出水水质好，处理成本低。该水处理剂适用于处理煤泥水、含油污水、印染废水、造纸废水、化工和城市污水等。污水中加入该药剂后，悬浮物立刻絮凝，生成的矾花大，沉淀快速，效率高，絮团强度高，疏水性能好，利于压滤。压滤后的滤饼含水率低，质量好。处理污水时该药剂的费用仅为其他药剂费用的60%左右。

（2）无腐蚀性 该药剂处理后溶液的pH值在6.5～8.5，近似于中性，不含Cl^-，当处理水回用后，能有效地保护水体系中的钢结构，使其免遭腐蚀，因此每年可以减少大量的设备维修费用。

（3）无毒性 该污水处理药剂纯度高、无杂质、无粉尘，水溶液清澈透明。该药剂无毒性，对操作工人无影响，处理后水无二次污染等问题。

配方 118 污水处理杀生剂

原料配比

原料	配比(质量份)	原料	配比(质量份)
异噻唑啉酮	40	柠檬酸	25
氯化十二烷基二甲基苄基铵	35		

制备方法 先将异噻唑啉酮和氯化十二烷基二甲基苄基铵充分混合均匀，然后再加入柠檬酸，充分混合即可。

产品应用 本品适用于饮水机内胆、冷却循环系统、贮罐、水源地过滤系统等的污水防治和处理。

使用时，可根据各种水质污染状况的不同，以不同的浓度进行投加。

产品特性 本品具有广谱的效果，杀灭微生物异常迅速，杀灭彻底，使水质干净清澈；产品性能温和，不含氯等对人体有害的成分，降解产物无毒性，在进行污水处理时及处理后对环境无任何不良影响，安全环保。

配方 119 污水处理药剂

原料配比

原料	配比(质量份)	原料	配比(质量份)
丁醇	1	环氧氯丙烷	100
四氯化锡	1(体积份)	三乙胺水溶液	30

制备方法 将有机醇加入催化剂后加热搅拌，再加入环氧氯丙烷和有机胺在反应器中进行反应，得到有机铵盐产品，反应温度为120℃，反应时间为15h。

原料介绍 所述有机醇为丁醇；所述有机胺是三乙胺；所述催化剂为四氯化锡。

产品应用 本品主要应用于污水处理。

产品特性 本品制备简单、成本低廉，具有浮选、杀菌、脱色和缓蚀等功能，改变了原有药剂功能性单一的缺陷。

配方 120 污水处理用天然澄净剂

原料配比

原料	配比(质量份)		
	1#	2#	3#
改性黏土	50	20	30
工业硫酸铝	50	80	30
明矾	—	—	40

制备方法

（1）将各组分加到清水中，在容器内搅拌5～20min，制成10％～20％左右的悬浮液；

（2）在pH值大于10的情况下，依据污水水质加入悬浮液，加入量为0.5％～5％，与污水充分混合；

（3）沉降 0.5～5h，上层澄清水体可直接回用或经过后序生物处理后回用，下层的污泥用于制砖、制水泥、堆肥等，使废弃物得到有效利用。

原料介绍 所述改性黏土中的有效成分包括 SiO_2 20～30 份、Al_2O_3 3～5 份、MgO 5～55 份、CaO 1～3 份、Fe_2O_3 0～1.5 份、TiO_2 0～1 份，其余为杂质，干燥后粉碎成 100～500 目。

产品应用 本品主要应用于麻纤维脱胶及改性后的污水处理。

产品特性

（1）本品是一种环境友好型的天然澄净剂，不含重金属，没有二次污染。

（2）可对高碱度的脱胶及改性后的污水直接处理，不但可以去除污水中的胶质、木质素等，还可大幅去除污水中的 COD、BOD 等污染物，提高水体的色度、透明度。其中，COD、BOD 等去除率比常规的硫酸亚铁、聚合氯化铝等提高 50% 以上。

（3）污水经过处理后便于全部分类回收利用，处理后的污泥可用于制砖、制水泥、堆肥等，使废弃物得到有效利用，减少环境污染。

配方 121 无机脱色水处理剂

原料配比

原料	配比（质量份）		
	1#	2#	3#
水	300	200	200
生产聚氯化铝的废渣	80	150	100
98%浓硫酸	350	250	300
硅酸钠	15	30	20
氟化钠	25	20	10

制备方法

（1）将水和生产聚氯化铝的废渣充分混合至呈混浊液状态，得液料一；

（2）在液料一中加入浓强酸，并在密闭反应器中加热加压进行反应，得液料二；

（3）在液料二中加入引发剂进行反应，得液料三；

（4）在液料三中加入稳定剂，反应完毕即得所述无机脱色水处理剂。

所述步骤（2）的反应温度≥200℃，加压反应压力不超过 0.3MPa，反应时间为 50～70min。

所述步骤（3）的反应温度≥100℃，反应压力为常压，反应时间为 20～40min。

所述步骤（4）的反应温度为 50～70℃，反应压力为常压，反应时间为 20～40min。

原料介绍 所述生产聚氯化铝的废渣含有 25%～35% 的硅酸铝，7%～12% 的硅酸钙和氯化钙。

所述浓强酸为 98% 浓硫酸。

所述引发剂为硅酸钠或铝酸钠。

所述稳定剂为氟化钠。

产品应用 本品主要应用于工业废水处理。

产品特性

（1）本品原料易得，所得产品成本低廉，水处理效果良好；

（2）本品的制备工艺流程简单，设备要求低，适合工业化生产；

（3）本品有效回收利用生产聚氯化铝的废渣，减少了污染物的排放，有利于环境保护。

配方 122　无机污水处理剂

原料配比

原料	配比（质量份）				
	1#	2#	3#	4#	5#
聚合氧化铝	1	12	15	18	20
硫酸亚铁	10	13	15	18	20
硫酸锰	5	6	8	9	10
立德粉	5	8	6	8	10
水	加至 100	加至 100	加至 100	加至 100	加至 100

制备方法　取一定量的水按以上配比加入聚合氧化铝、硫酸亚铁以及硫酸锰和立德粉，在室温下搅拌均匀（10min），全部溶解即可使用。

产品应用　本品主要应用于无机污水处理。

使用方法：每立方米煤泥水用本品处理剂 0.013kg。

产品特性

（1）使用范围广，沉淀效果好，出水水质好，处理成本低。该水处理剂适用于处理煤泥水、含油污水、印染废水、造纸废水、化工和城市污水等。污水中加入该药剂后，悬浮物立刻絮凝，生成的矾花大，沉淀快速，效率高，絮团强度高，疏水性能好，利于压滤。压滤后的滤饼含水率低，质量好。

（2）无腐蚀性　该药剂处理后溶液的 pH 值在 6.5～8.5，近似于中性，不含 Cl^-，当处理水回用后，能有效地保护水体系中的钢结构，使其免遭腐蚀，因此每年可以减少大量的设备维修费。

（3）无毒性　该污水处理药剂纯度高、无杂质、无粉尘，水溶液清澈透明。该药剂无毒性，对操作工人无影响，处理后水无二次污染等问题。

配方 123　无磷复合水处理剂

原料配比

原料	配比（质量份）					
	1#	2#	3#	4#	5#	6#
丙烯酸（AA）/丙烯酸羟丙酯（HPA）共聚物	25	25	—	—	—	—
丙烯酸（AA）/2-甲基-2′-丙烯酰氨基丙烷磺酸（AMPS）共聚物	—	—	25	25	—	20
丙烯酸（AA）/丙烯酸甲酯（MA）/丙烯酸羟丙酯（HPA）共聚物	—	—	—	—	25	—
硫酸锌	15	15	—	10	3.2	30
氯化锌	—	—	6.8	—	—	—
钨酸钠	10	10	10	6	20	6
氧化铈	6	6	6	4	—	—
硝酸铈	—	—	—	—	0.7	10
苯并三氮唑	—	1	—	—	—	—
去离子水	44	43	52.2	55	51.1	34

制备方法 将各组分混合均匀即可。

原料介绍 所述的丙烯酸类共聚物为本领域常规使用的丙烯酸类共聚物，较佳的为丙烯酸类二元共聚物和丙烯酸类三元共聚物。

其中，所述的丙烯酸类二元共聚物为本领域常规使用的丙烯酸类二元共聚物，较佳的为丙烯酸（AA）与丙烯酸羟丙酯（HPA）的共聚物和丙烯酸与 2-甲基-2'-丙烯酰氨基丙烷磺酸（AMPS）的共聚物。

所述的丙烯酸（AA）与丙烯酸羟丙酯（HPA）的共聚物的分子量没有特殊限定，较佳的黏均分子量在 400～800。

所述的丙烯酸与 2-甲基-2'-丙烯酰氨基丙烷磺酸（AMPS）共聚物的分子量没有特殊限定，较佳的黏均分子量在 1000～10000。

其中，所述的丙烯酸类三元共聚物为本领域常规使用的丙烯酸类三元共聚物，较佳的为丙烯酸（AA）、丙烯酸羟丙酯（HPA）与丙烯酸甲酯（MA）的共聚物或丙烯酸、丙烯酸酯与 2-甲基-2'-丙烯酰氨基丙烷磺酸的共聚物。

所述的丙烯酸类共聚物相对于待处理水溶液总量的有效投加浓度较佳的为 10～25mg/L。

所述的锌盐为本领域常规所述锌盐，在水中能电离出锌离子的含锌化合物，较佳的为硫酸锌或氯化锌。

所述的锌盐相对于待处理水溶液总量的有效投加浓度较佳的为以锌离子计 0.5～3mg/L。

所述的钨酸盐为本领域常规所述的钨酸盐，较佳的为钨酸钠或钨酸铵。

所述的钨酸盐相对于待处理水溶液总量的有效投加浓度较佳的为 3～20mg/L，更佳的为 3～8mg/L。

所述的铈盐为本领域常规所述，在水中能离解出铈离子的化合物，较佳的为氧化铈或硝酸铈。

所述的铈盐相对于待处理水溶液总量的有效投加浓度较佳的为 0.5～6mg/L，更佳的为 0.5～5mg/L。

所述的无磷复合水处理剂较佳的还可以含有苯并三氮唑或甲基苯并三氮唑。当本品的无磷复合水处理剂含有苯并三氮唑或甲基苯并三氮唑时，特别适合用于铜材质体系中，如在循环冷却水系统中使用铜材设备时，具有更佳的缓蚀效果。其中，所述的苯并三氮唑或甲基苯并三氮唑的含量较佳的为 0.5%～2%，百分比为苯并三氮唑或甲基苯并三氮唑占无磷复合水处理剂总量的质量分数。

所述的苯并三氮唑或甲基苯并三氮唑相对于待处理水溶液总量的有效投加浓度较佳的为 0.5～2mg/L。

本品的无磷复合水处理剂配方还可以含有本领域常规添加的各种其他添加剂，只要其没有拮抗作用或不显著影响本品水处理剂效果即可。

产品应用 本品主要应用于废水处理。

产品特性 本品不含磷、无毒、易生物降解，不会对环境造成污染，不需要很高的钨酸盐投加浓度即可实现处理目的，降低了整个产品的成本，有较高的经济效益，同时具有良好的缓蚀阻垢性能，对碳钢、不锈钢及铜合金等材质都起到了优良的保护作用。

配方 124　洗煤水处理剂

原料配比

原料	配比(质量份)		
	1#	2#	3#
阳离子木薯淀粉	2.4～3.5	—	2.6～3
阳离子玉米淀粉	—	2.4～3.5	—
氯化钙	21	21	21
水	加至 100	加至 100	加至 100

制备方法

（1）取阳离子淀粉和一次水，一次水的质量是阳离子淀粉质量的二倍；

（2）把上述阳离子淀粉和水放在容器内，在搅拌下，把阳离子淀粉和水充分混合均匀，得到淀粉乳；

（3）取氯化钙，把氯化钙放入容器内的淀粉乳中；

（4）向容器内加二次水，使容器内物料的质量份达到 100；

（5）在搅拌下使容器内的氯化钙完全溶解，让淀粉在氯化钙水溶液中常温下糊化，得到洗煤水处理剂。

原料介绍　阳离子木薯淀粉或阳离子玉米淀粉是商品标准的取代度为 0.028～0.030 的阳离子淀粉。

上述氯化钙可以是无水氯化钙，也可以是有结晶水的氯化钙，如二水氯化钙或六水氯化钙。

产品应用　本品主要应用于洗煤水处理。

使用方法：使用时，把本品加入洗煤水中，可以使洗煤水的悬浮物沉降下来。

产品特性　本品以阳离子淀粉、氯化钙和水为原料，价格低廉，使用时，可以使洗煤水中的悬浮物快速絮凝沉降下来，洗煤水中悬浮物沉降下来后，沉降物中含水量较低。

配方 125　洗煤废水处理剂

原料配比

原料	配比(质量份)		
	1#	2#	3#
聚丙烯酰胺	1	2	3.4
氯化镁	5	11	8
氯化钙	2	6	9
硫酸钠	1	3	2

制备方法　将各组分混合均匀即可。

原料介绍　聚丙烯酰胺可以是阴离子型、阳离子型、非离子型或两性离子型。聚丙烯酰胺的目数优选为 30～100 目，更优选为 80～90 目。氯化镁、氯化钙、硫酸钠的粒度优选为 0.2～2.0mm，更优选为 0.3～0.6mm。

产品应用　本品主要应用于洗煤水处理。

产品特性　在聚丙烯酰胺中添加氯化镁、氯化钙和硫酸钠后，可以成功地应用到洗煤现场。氯化镁是一种易溶于水的无机盐，而对于洗煤水来说则是一种高效的凝聚剂，洗煤水中的颗粒主要带负电荷，镁离子具有两个正电荷，而且有较大的离子半径，具有很大的与细小颗粒的碰撞概率，起到很好的电中和凝聚作用，使洗煤水悬浮液和胶体脱稳凝聚。氯化钙是一种易溶于水的无机盐，其溶于水后呈微碱性，可以中和微酸性的洗煤水，使洗煤水处理剂更好地发挥作用。氯化钙溶于水后会形成微小的钙盐不溶物，并吸附水中的胶体颗粒下沉，可以加速洗煤水的煤水分离过程，使清水层更加澄清，可以提高回用水洗煤的效果。硫酸钠是一种小分子无机盐，对聚丙烯酰胺的长链分子有剪切作用，使其形成分子链较短的化合物，断链后的聚丙烯酰胺因为都带有相同电荷而互相排斥，使絮凝后的沉降物松散均匀，不聚团，不易板结，可使压滤干泥饼的产量提高。

配方 126 高效环保型水处理剂

原料配比

原料	配比（质量份）										
	1#	2#	3#	4#	5#	6#	7#	8#	9#	10#	11#
丙烯酸-(2-丙烯酰胺-2-甲基丙磺酸)-丙烯酸羟丙酯多元共聚物	10	15	15	25	25	30	20	15	10	20	10
2-膦酰基羟基乙酸	8	5	—	—	8	5	10	10	—	—	5
2-膦酰基丁烷-1,2,4-三羧酸	—	—	5	10	—	—	—	—	5	15	—
聚环氧琥珀酸钠	20	30	20	30	30	25	20	25	10	15	30
葡萄糖酸钠	8	10	5	5	5	10	10	5	5	10	5
膦酰基聚丙烯酸	15	10	10	10	10	10	10	20	10	10	15
木质素磺酸钠	10	10	5	5	5	10	10	5	5	15	8
水	29	25	30	15	17	15	10	20	50	20	27

制备方法 将各组分混合均匀即可。

产品应用 本品主要应用于高氟离子浓度的冶金连铸浊环水系统。

产品特性 本品采用上述技术方案，通过多元共聚物、膦羧酸、膦酰基聚丙烯酸及木质素磺酸钠的分散、晶格畸变、阈值效应等作用大大增加氟化钙在高浊度的连铸浊环水中的溶解度，从而可以解决高氟离子的结垢问题；通过聚环氧琥珀酸钠、膦羧酸、葡萄糖酸钠及木质素磺酸钠的阴极缓蚀作用，快速在金属表面形成致密的沉积膜，减缓氟离子对于金属特别是碳钢等材质的严重腐蚀，从而解决高氟离子的腐蚀问题。

配方 127 缓释阻垢型污水处理剂

原料配比

原料	配比（质量份）			
	1#	2#	3#	4#
乙二醇二乙醚二胺四乙酸	5	0.2	8	1
乙二胺	20	8	40	5
二乙烯三胺五乙酸五钠	5	2	8	3
磷酸三钠	5	4	9	3
水	加至100	加至100	加至100	加至100

制备方法 将各组分充分混合，添加过程中各原料之间添加时间间隔为5min以上。

产品应用 本品主要应用于污水处理。

产品特性 使用本品捕获水体中的钙、镁、铁、锌及锶等多种金属离子，尤其对水体中存在的 Fe^{2+} 和 Fe^{3+} 具有高效的捕获作用，同时还具有显著的缓蚀阻垢功效，可有效减少系统的结垢与腐蚀，降低生产成本。

配方 128　水溶性高分子聚合物污水处理剂

原料配比

原料	配比（质量份）		
	1#	2#	3#
非晶质二氧化硅	15	35	60
硅酸盐	5	15	30
烟道灰	25	30	50
膨润土	50	51	60
水溶性高分子聚合物	60	65	90
黏土	40	42	50

制备方法 将各组分混合均匀即可。

原料介绍 膨润土为纳米膨润土，粒径为 $1 \sim 30nm$。水溶性高分子聚合物为聚丙烯酰胺或聚丙烯酸。

产品应用 本品主要应用于污水处理。

产品特性 本品能够综合处理城市和工业污水，特别对于含磷、氮浓度较高的污水，去除率明显较高；处理效果好，除悬浮物率能够达到 95% 以上，处理后的水清澈透明，能见度可达 3m；处理效能高，处理后的污水能够达到排放标准，原料价格低，来源广，因此成本大大降低。

配方 129　木质素污水处理剂

原料配比

原料	配比（质量份）				
	1#	2#	3#	4#	5#
竹片高沸醇木质素	5	—	—	—	—
玉米芯酶解木质素	—	10	—	8	—
玉米秸秆酶解木质素	—	—	10	—	—
松木高沸醇木质素	—	—	—	—	7
水	75（体积份）	75（体积份）	75（体积份）	90（体积份）	90（体积份）
30%的氢氧化钠溶液	2（体积份）	4（体积份）	4（体积份）	2（体积份）	2（体积份）
过氧化氢	—	—	—	3（体积份）	4（体积份）
甲醛溶液	11（体积份）	11（体积份）	—	11（体积份）	—
乙醛溶液	—	—	7（体积份）	—	—
糠醛溶液	—	—	—	—	3（体积份）
尿素	8	9	8	8	9

制备方法

(1) 取木质素，加入水，添加催化剂碱溶液，调节溶液至 pH＝10～12。

(2) 根据需要添加过氧化氢，搅拌，加热升温至 80℃，反应 30～120min。

(3) 加入所需用量的醛。

(4) 维持 80℃，反应 30～120min。

(5) 加入所需用量的尿素，继续反应 1～2h，加酸调节剂调节溶液的 pH 值至 5～6，保持温度，缩聚 60～120min；或者将尿素分两次加入，第一次添加量占配方用量中尿素质量的 70%～90%，继续反应 0.5～1h，加酸调节剂调节溶液的 pH 值为 5～6，保持温度，缩聚 60～120min，加催化剂碱溶液调节溶液的 pH 值至 8～9，第二次加入剩余尿素，继续反应缩聚 30～60min。

(6) 出料，加酸调节剂调节溶液的 pH＝2～3，使其沉降，抽滤，烘干，制备得到本品污水处理剂。

原料介绍 所述的溶剂型木质素是采用溶剂法从木片、竹子、草木秸秆等植物原料中提取或由这些植物原料发酵制备乙醇、功能性多糖的残渣中提取得到。

所述的醛是甲醛、乙醛、糠醛或多聚甲醛等醛类化合物的一种或多种的混合物。

所述的碱催化剂是氢氧化钠或氢氧化钾中的一种或两种碱的混合物。

所述的酸调节剂是硫酸、磷酸、盐酸、乙酸或硝酸中的一种或几种酸的混合物。

产品应用 本品主要应用于污水处理。

产品特性

(1) 本品采用的木质素是天然高分子材料，不是传统造纸业废水中提取的碱木质素或木质素磺酸盐。溶剂型木质素提取工艺过程比造纸温和，较好地保留了天然木质素的化学活性，得到的木质素纯度高，化学活性强，其灰分含量小于 3%，远远低于木质素磺酸钙或碱木质素。

(2) 溶剂型木质素作为制备污水处理剂的重要原料可以减少石油化工原料的用量，更合理地利用生物资源和降低合成成本，溶剂型木质素相比传统造纸业所得到的木质素衍生物，在结构上含有丰富的酚羟基，并能较好地保留各种活性基团，具有更高的化学活性。酶解木质素苯环上面的活泼氢、酚羟基为其与醛、尿素反应提供了基础，可以充分利用木质素可再生资源，有利于可持续发展。

(3) 溶剂型木质素制备污水处理剂的组分中木质素的添加量可根据污水处理剂性能的需要决定，木质素的添加量一般可在固体原料量的 1%～25% 之间，其结果大大改善了污水处理剂的性能，与壳聚糖、聚丙烯酰胺相比，溶剂型木质素制备污水处理剂不仅成本低，而且工艺简单、容易实施，污水处理效果良好，提高了产品的竞争力。

配方 130 印染废水处理剂

原料配比

原料	配比（质量份）			
	1#	2#	3#	4#
硫酸铜	25	25	—	—
乙酸铜	—	—	20	20
保护剂聚乙烯吡咯烷酮	12	20	15	15
溶剂乙二醇	1000（体积份）	1000（体积份）	1000（体积份）	1000（体积份）
纳米二氧化钛	5	20	8	10
活性炭	20	20	30	40
还原剂硼氢化钠	0.1	0.2	0.1	0.05

制备方法

(1) 将铜盐、保护剂加入溶剂中，搅拌加热至 50～70℃，直至溶解；

(2) 待铜盐和保护剂完全溶解后依次加入纳米二氧化钛、活性炭，之后超声搅拌约 30～60min；

（3）将还原剂加入反应体系中，持续搅拌反应 20～30min；

（4）将溶液过滤取出活性炭干燥，滤液回收备用。

原料介绍 所述的铜盐为硫酸铜、硝酸铜、氯化铜、乙酸铜、铜的配合物、包含长碳链的有机铜中的一种或者几种。其中，有机铜碳链长度为 8～16。

所述的保护剂可以是十二～十八烷酸、烷烃醇、烷烃硫醇、十二烷基苯磺酸钠、十二烷基三甲基氯化铵、十六烷基三甲基溴化铵、聚乙二醇、聚乙烯吡咯烷酮（PVP）、聚乙烯醇等中的一种或几种。其中，保护剂与铜盐的摩尔比为 （1：5）～（5：1）；

所述的溶剂可以是乙醇、乙二醇、异丙醇、丙三醇或一缩二乙二醇等多醇类溶剂中的一种或几种。

所述二氧化钛可以是金红石型，也可以是锐钛矿型，或者是两种任意配比的组合物，其粒径大小为 5～100nm，且二氧化钛与铜盐的质量比为 （1：10）～（10：1）。

所述的活性炭为经过强酸或者强碱预处理的粉末状或者是粒状活性炭，其中活性炭与铜盐的质量比为 （1：10）～（10：1）。

所述的还原剂为硼氢化物、水合肼、次亚磷酸钠、抗坏血酸、葡萄糖中的一种或者几种；

所述的还原剂与铜盐的摩尔比为 （1：2）～（8：1）。

所述的滤液可通过减压蒸馏等方式回收，可重复利用。

产品应用 本品主要应用于印染废水处理。利用本品对印染废水处理不仅可以提高对 COD、BOD 值及色度的去除率，而且具备杀菌除臭的功能，且效率极高。

产品特性

（1）本品采用活性炭为载体，既可以实现良好的吸附性，又可以利用载体上的纳米氧化亚铜和二氧化钛的光催化作用和杀菌作用实现分解染料和除臭的目的，不仅效果优异，而且效率极高；

（2）本品为高效光催化剂，同时利用了太阳光中的紫外波段和可见光波段，效率很高；

（3）本品为一种高效可重复利用的催化剂，完全避免了二次污染；

（4）本品制备方法简单，工艺可操作性强，溶剂环保，且可回收重复利用，符合节能、绿色环保的要求。

配方 131　印纱凹印废水处理剂

原料配比

原料		配比（质量份）		
		1#	2#	3#
铁系混凝剂	聚合硫酸铁	10	—	—
	硫酸亚铁	—	40	—
	聚合硫酸铁铝	—	—	60
分散剂	聚丙烯酸	20	—	—
	聚丙烯酸酯	—	30	—
	聚马来酸	—	—	5

原料		配比(质量份)		
		1#	2#	3#
表面活性剂	有机硅油	1	—	—
	阴离子表面活性剂	—	5	—
	醚类	—	—	10

制备方法 将各组分混合均匀即可。

产品应用 本品主要应用于废水处理。

废水处理剂的使用方法:在 300r/min 的条件下投加 3.5% 本处理剂,搅拌时间为 5min;在 150r/min 的条件下投加 5‰ 有机助凝剂(1‰ 浓度),搅拌时间 3min;通过污泥泵将处理后的废水打入板框式压滤机进行压滤处理,压滤处理时间 10min。

产品特性

(1) 使用过程中无须进行加酸调节,避免了酸对设备的腐蚀与对操作人员的伤害,达到安全生产的目的。

(2) 在处理过程中反应平稳,没有明显的放热反应,无须进行特殊的过程控制。

(3) 混凝沉降效果好,处理时间短,处理后所得到的混合物无明显的黏性,可以利用脱水机进行相应的泥水分离。配合使用相应的有机助凝剂可进一步提高滤饼的脱水率。

(4) 经过本药剂的处理后,得到的上清液悬浮物含量低,可以在处理工艺中增加去除气浮等辅助工段,降低处理成本。

配方 132 油田污水处理混凝剂

原料配比

原料	配比(质量份)		
	1#	2#	3#
硫酸铝	20	10	20
硫酸锌	4	10	2
聚二甲基二烯丙基氯化铵	0.5	0.5	0.2
水	加至 100	加至 100	加至 100

制备方法 将硫酸铝和硫酸锌加入水中,溶解完全后加入聚二甲基二烯丙基氯化铵,搅拌均匀后调节 pH 值至 3~4,得到混凝剂。

产品应用 本品主要应用于油田污水净化处理。

产品特性 本品混凝剂的合成采用复配方式,产品加工工艺简单,制备的混凝剂兼具破乳和净水作用,特别适用于采用旋流反应工艺的油田污水净化处理,改善了絮体形态,解决了沉降速度与净化能力之间的矛盾。

与常用的聚合氯化铝(PAC)相比,油田污水处理混凝剂具有以下优点:

(1) 在相同加量下,处理后的水中油、悬浮物含量显著下降。

(2) 在油水界面上的选择性吸附分布有助于破除油水微乳液,特别适合含油污水的净化处理。

(3) 形成的絮体更加密实、沉降速度更快,在一定程度上减小了水量波动对处理后水质的影响。

配方 133　以壳聚糖为主要组分的环保型生物复合污水处理剂

原料配比

原料	配比(质量份)			
	1#	2#	3#	4#
壳聚糖	5	20	10	5
聚合硫酸铁	10	10	8	10
蚝壳粉	50	200	50	50
去离子水	120	120	100	100

制备方法　将各组分混合均匀即可。

产品应用　本品主要应用于污水处理。

产品特性　本品可以同时处理陆源污水、海洋污水及海水养殖废水，处理效果良好，对 SS 和浊度的去除率达 85%，其中强化去除率超过 75%，COD 的去除率为 72.5%，絮凝处理印染废水的 COD 也有较高的去除率，对阴离子型染料的 COD 去除率大于 95%，对其他染料废水的 COD 去除率也达 92% 以上。而复合絮凝剂中的蚝壳粉又具有多孔性，同时具有杀菌作用。

配方 134　印钞废水处理剂

原料配比

原料		配比(质量份)		
		1#	2#	3#
铁系混凝剂	聚合硫酸铁	10	—	—
	硫酸亚铁	—	10~60	—
	聚合硫酸铁铝	—	—	10~60
分散剂	聚丙烯酸	20	—	—
	聚丙烯酸酯	—	30	—
	聚马来酸	—	—	5
表面活性剂	聚氧乙烯甘油醚	1	—	—
	聚氧丙烯氧化乙烯甘油醚	—	5	—
	聚氧乙烯聚氧丙烯季戊四醇醚	—	—	10
消泡剂	有机硅	1	1	1
助溶剂	聚二乙烯丙基二甲基氯化铵	1	1	1
	水	加至 100	加至 100	加至 100

制备方法　将各组分混合均匀即可。

产品应用　本品尤其适用于印钞凹印废水（印钞过程中擦版液清洗色模辊所形成的含油墨废水）的处理。

使用方法一：在 300r/min 的条件下投加 3.5% 本处理剂，搅拌时间为 5min；在 150r/min 的条件下投加 5‰聚丙烯酰胺（1‰浓度），搅拌时间 3min；通过污泥泵将处理后的废液打入板框式压滤机进行压滤处理，压滤处理时间为 10min。

使用方法二：在 300r/min 的条件下投加 12% 本处理剂，搅拌时间为 5min；在 150r/min 的条件下投加 1‰聚丙烯酰胺（1‰浓度），搅拌时间 3min；通过污泥泵将处理后的废水打入板框式压滤机进行压滤处理，压滤处理时间为 7min。

产品特性　本品对生产中产生的含油墨废水与超滤后得到的浓缩含油墨废水均具有良好的混凝处理效果，同时混凝处理后的泥水分离能够通过压滤机得以实现。

本品特性表现在以下几个方面：

（1）在使用过程中无须进行加酸调节，避免了酸对设备的腐蚀与对操作人员的伤害，达到安全生产的目的。

（2）在处理过程中反应平稳，没有明显的放热效应，无须进行特殊的过程控制。

（3）混凝沉降效果好，处理时间短，处理后所得到的混合物无明显的黏性，可以选用脱水机进行相应的泥水分离。配合使用相应的有机助凝剂可进一步提高滤饼的脱水率。

（4）药剂的水相稳定性好，与废水的相容性好，能较快地进行废水处理反应，有效提高处理效率。

（5）经本药剂处理后，得到的上清液悬浮物含量低，可以在处理工艺中增加去除气浮等辅助手段，降低处理成本。

配方 135　印染废水处理药剂

原料配比

原料	配比（质量份）		
	1#	2#	3#
聚合氯化铝	50	55	60
水	80（体积份）	90（体积份）	100（体积份）
硫酸镁	5	6	8
尿素	3	4	5
十八烷基三甲基溴化铵	1	2	3
氯化铁	5	8	10

制备方法

（1）取聚合氯化铝置于 500mL 三口烧瓶中，加入水不断搅拌；

（2）升高温度到 40～50℃，加入硫酸镁、尿素和十八烷基三甲基溴化铵，不断搅拌，并继续升温到 75～85℃；

（3）充分反应 1～2h 后，加入氯化铁，静置，熟化 3～4h 即可。

产品应用　本品主要应用于印染废水处理。

使用方法：取上述制备的药剂加入到印染废水中，加入的量为 100～300mg/L，并调节 pH 值到 9.0 左右，以 500r/min 转速快速搅拌 3～5min，再以 80～100r/min 转速搅拌 10～15min，静置沉淀。

产品特性　本品不仅能够可持续处理色度、浓度均较高的印染废水，同时使处理后的印染废水达到无色、无味、COD 值降到最低，处理后的废水可反复循环利用；在处理过程中，能够阻止有机氯化物的生成，不产生对环境的二次污染。本品成本低，操作简单，便于推广。

配方 136　印染污水处理剂

原料配比

原料	配比（质量份）								
	1#	2#	3#	4#	5#	6#	7#	8#	9#
硫酸铁	600	300	550	450	500	330	580	210	460
硫酸铝	0.5	5	1	3.5	2	4.4	3.5	1.8	1.8

续表

原料	配比（质量份）								
	1#	2#	3#	4#	5#	6#	7#	8#	9#
CaO	100	300	150	250	200	280	170	225	210
膨润土	50	200	70	150	100	170	90	99	80
过硫酸盐	10	50	15	40	30	36	37	33	16

制备方法 将各组分混合均匀即可。

产品应用 本品主要应用于印染污水处理。

产品特性 本品印染污水处理剂是利用多种原理综合处理污水，以硫酸铁、硫酸铝、CaO、膨润土与过硫酸盐为原料对印染厂排放的污水进行处理，处理后的废水近似无色透明，处理彻底、成本低、无毒性、无污染，处理后的废水满足国家污水综合排放标准关于印染行业的一级排放标准要求。

配方 137　用硅藻纯土制造污水处理剂

原料配比

原料	配比（质量份）						
	1#	2#	3#	4#	5#	6#	7#
硅藻纯土	20	80	50	70	90	60	95
酸	40	10	5	25	33	40	2

制备方法 在硅藻纯土中加入酸，充分混合后加温至 $50\sim800℃$，加温时间为 $1\sim24h$，即制成。

原料介绍 所述酸为硫酸、磷酸、硝酸或盐酸。

产品应用 本品主要应用于污水处理。

产品特性 将本品硅藻土污水处理剂用于污水处理，可以获得很好的污水处理效果，实现对自来水水源的净化处理、城市生活污水的处理、部分工业废水（如造纸废水、制糖废水、印染废水、冶金废水、制药废水、石化废水等）的处理，而且成本低，污泥易脱水。另外，本污水处理剂回收再利用率高，可进一步降低使用成本。

配方 138　用于常温常压废水处理的混凝催化剂

原料配比

原料	配比（质量份）		
	1#	2#	3#
去离子水	2000	2000	2000
硫酸锌晶体	230	201	227
硫酸铜晶体	52.7	56	31.2
氯化铁晶体	53	78.7	79.7
氯化镍晶体	7.6	7.6	6.3
$1\sim1.5mol/L$ 碳酸钠	适量	适量	适量
$1\sim2mol/L$ 氢氧化钠	适量	适量	适量

制备方法

(1) 按配比量取去离子水，称取硫酸锌晶体、硫酸铜晶体、氯化铁晶体溶于去离子水，制成溶液，然后再称取氯化镍晶体溶于上述溶液。

（2）配制 $1\sim1.5$mol/L 的碳酸钠（$NaCO_3$）和 $1\sim2$mol/L 的氢氧化钠（NaOH）混合溶液，作沉淀剂待用。

（3）将工序（1）制备的溶液在室温下快速搅拌，同时用恒流泵流加工序（2）制备的溶液，流加结束时溶液呈碱性（pH $9\sim11$），然后缓慢搅拌，时间共为 $3\sim6$h，静置使固液分离。

（4）利用真空抽滤使固液分离，并用去离子水洗涤 $3\sim5$ 次，在 $100\sim110$℃的温度下烘 $1.5\sim2.5$h 得混凝催化剂前驱体。

（5）烘干得到的前驱体经焙烧炉焙烧得到复合氧化物式混凝催化剂，焙烧温度为 $750\sim850$℃，焙烧时间为 $1.5\sim2.5$h，即制成用于常温常压废水处理的混凝催化剂。

原料介绍　用于常温常压废水处理的混凝催化剂的特征在于所用的可溶性盐为硫酸盐、氯化物，选择的沉淀剂为碳酸钠和氢氧化钠溶液。

产品应用　本品主要应用于印染废水、生活污水、餐饮废水处理中。

废水处理的工艺过程为：首先用 $3\sim6$mol/L 的硫酸或 $3\sim6$mol/L 的盐酸浸泡活化 $10\sim20$min，然后按质量浓度为 $0.5\sim1$g/L 加入到水中，进行混凝，快速搅拌 $5\sim10$min，调节 pH＝$8\sim10$，然后缓慢搅拌 $10\sim20$min 后停止，静沉 $10\sim20$min，得到的混凝沉淀物（污泥）体积为总体积的 $10\%\sim15\%$，进行混凝沉淀物与上清液的分离，上清液排出进入下一步生化处理，对混凝沉淀物进行催化氧化，此时混凝催化剂发挥催化剂功能，通入空气，以空气为氧化剂，氧化 $1\sim2$h，将混凝下来的有机物氧化为二氧化碳和水，这样既能大幅度减少催化氧化的处理量，又可以使混凝催化剂的混凝特性恢复，重新用于废水的混凝，然后再氧化，混凝催化剂可反复使用。

产品特性　本品同时具备混凝剂和催化剂的功能，并且两种功能同时协调发挥作用，能对废水起混凝作用，将废水中的大部分有机物集中到很小的体积范围内，然后在常温常压下起催化剂作用，以空气为氧化剂，催化氧化混凝中的有机物，大幅度减少了催化氧化的处理量，降低了操作费用，同时催化氧化完成后混凝催化剂可返回再发挥混凝作用，尽力消除或大量减少混凝泥渣所带来的二次污染，同时有效地控制了关键成分的流失。

配方 139　用于废水处理的高效 COD 去除剂

原料配比

原料	配比（质量份）				
	1#	2#	3#	4#	5#
硫酸铝	20	20	25	25	20
硫酸铁	25	30	25	30	25
水玻璃	5	5	7.5	10	5
高锰酸钾	20	15	12.5	10	15
水	30	30	30	25	35

制备方法　将硫酸铝、硫酸铁和水玻璃溶解于 $40\sim50$℃的水中，分多次加入高锰酸钾进行聚合反应 $2\sim6$h（优选为 $3\sim4$h）后，再升温至 $75\sim85$℃熟化 $8\sim12$h，过滤，得到高效 COD 去除剂。熟化温度优选为 80℃。熟化温度过低达不到熟化要求，反应不充分；温度过高则有其他副反应发生，容易影响产品的性能，且增加了反应容器的负荷，缩短了反应容器的寿命。过滤时通过的孔径优选为 $200\sim800$ 目。

原料介绍　本品主要成分为含硅聚合硫酸铝铁，利用其强氧化性破坏并改变废水中稳定的化学分子结构，并且集电中和、絮凝、吸附、架桥、卷扫及共沉淀等多种功能于一体，处理成本低，在大幅度去除有机污染物的同时，极大地提高废水的可生化性，从而达到有效降解 COD 的目的。

将本品和传统水处理药剂使用效果进行比较。投加点：曝气池出水端，通常在生化处理后。投加方式：将原液先稀释成 20％ 的稀释液，使得药剂分散均匀，与水充分反应，搅拌均匀后加入废水中。由数据可知：高效 COD 去除剂和传统水处理药剂聚合硫酸铁、聚合氯化铝相比，COD 降解率是它们的 2 倍，且在相同降解率下，化学品投加量仅是聚合硫酸铁、聚合氯化铝用量的 1/2，大大减少了污泥的产生量和处理污泥的成本，对生产运行中的污泥减量提供了较好的技术支撑，获得良好的环境效益。

产品应用　本品主要应用于高浓度的有机工业废水和城市污水的处理。

使用方法：在废水处理时直接投加（固体先用适量水稀释）或者先稀释到相应的浓度后再投加，稀释浓度不低于 10％。在废水处理中投加剂量为每升废水投加 100~600mg。

产品特性　本品对有机废物的降解效果较好，化学品投加量较少，大大降低污泥的产生量和污泥处理成本，是一款高效、高性价比水处理化学品，尤其适用于有机物浓度大、高毒性、高色度、难生化废水的处理，可大幅度地降低废水的色度和 COD，提高废水的可生化性。本品广泛应用于印染、化工、电镀、制浆造纸、制药、洗毛、农药等各类工业废水的处理及处理水回用工程。本品是高效 COD 去除剂，并符合国家节能减排要求，能够避免传统化学品对水质造成的诸多影响，很好地满足市场需求。

配方 140　用于废水处理的高效脱磷剂

原料配比

原料	配比（质量份）				
	1#	2#	3#	4#	5#
硫酸铝	22.5	20	25	20	30
硫酸铁	27.5	30	25	20	20
次氯酸钠	17.5	20	15	20	20
水	32.5	30	35	40	30

制备方法　将硫酸铝和硫酸铁溶解于 40~50℃ 的水中，分多次加入次氯酸钠，进行聚合反应 2~6h 后，再升温至 75~85℃ 熟化 8~12h，过滤，得到高效脱磷剂。聚合反应时间优选为 3~4h。熟化温度过低达不到熟化要求，反应不充分；温度过高则有其他副反应发生，容易影响产品的性能，且增加了反应容器的负荷，缩短了反应容器的寿命，因此熟化温度优选为 80℃。过滤通过的孔径优选为 200~800 目。

原料介绍　本品是一种新型、高效、快速、低耗、无毒的无机高分子絮凝剂，兼具几种水处理药剂的优点，化学性质稳定，分子结构庞大，充分利用铁离子与铝离子的相互补偿性能，有效地避免了金属离子对净水剂使用范围的限制。其有效成分为 Fe、Al 等形成的多核高价络离子，主要成分为聚合硫酸铝铁。

这些多核高价络离子对带负电荷的磷酸根、磷酸氢根、磷酸二氢根产生缔合吸附作用，形成水溶性低的离子缔合物，在水解过程中形成大量氢氧化物絮体沉淀，其内部有很大的比表面积，具有很强的吸附能力，可以吸附一部分游离磷、有机磷及其化合物，同时絮体沉淀时也可以网捕卷扫一部分非溶解性的磷，从而达到一定的除磷效果。

本品除磷剂中的 Fe^{3+}、Al^{3+} 等高价阳离子还可以取代水体中磷酸盐的低价阳离子，和完全溶于水体中的磷也能发生化学反应，生成难溶于水的配合物和不溶于水的盐，且生成的配合物表面有很强的吸附作用，通过这种吸附作用可以去除更多的磷。

除此之外，通过直观现象观察，该产品在杀菌除臭、除泡沫及浮泥、除污泥脱水方面均有明显辅助性效果。

本品最佳的投药点一般选择在生化处理后，效果最佳，药耗最省，同时对水质产生的影响最低；水质污染程度较高较难处理时，可选择在生物处理前化学预处理、生物处理过程中化学处理、生物处理后化学处理等两点或多点投加药剂，可以确保出水达标排放。

将本高效脱磷剂和传统水处理药剂使用效果进行比较。投加点：曝气池出水端，通常在生化处理后。投加方式：将原液先稀释成 20% 浓度的稀释液，使得药剂分散均匀，与水充分反应，搅拌均匀后加入废水中。由数据可知：与聚合硫酸铁、聚合氯化铝相比，本品除磷效果是它们的 3 倍，而且在相同除磷效果下，本品高效脱磷剂投加量仅是聚合硫酸铁、聚合氯化铝用量的 1/3，大大减少了污泥的产生量和处理污泥的成本，对生产运行中的污泥减量提供了较好的技术支撑，获得良好的环境效益。

产品应用 本品主要应用于城市污水、工业废水的处理。

使用方法：废水处理时根据药剂性质和水体污染程度将原液稀释到相应浓度后投加（固体先加水稀释搅拌均匀后投加），对于污染严重的废水可选择原药直接投加的方式。投加剂量主要由水体污染程度、投加点和小试情况决定，通常为每升废水投加 10～150mg。

产品特性

(1) 直接除磷化学成本降低至少 20%；

(2) 投加量仅为聚合氯化铝、聚合硫酸铁的 1/4～1/3，大大降低了化学品投加对原水水质的影响，同时减少了污泥的产生量及处理难度；

(3) 完全在充分评估现有工艺的条件下，使用合理的投加点，达到最佳的技术效果；

(4) 本品除磷剂在废水处理应用中表明该产品对生物硝化菌无明显的抑制作用，主要体现在对水质（如 pH、色度等）和生化系统无显著性影响，消除了聚合氯化铝中氯对生物硝化菌的毒性作用。

配方 141 用于含磷废水处理的改性粉煤灰吸附剂

原料配比

原料	配比（质量份）		
	1#	2#	3#
粉煤灰	100	100	1000
聚合氯化铝	6	—	—

原料	配比（质量份）		
	1#	2#	3#
氧化钙	—	1	
氧化镁	—	—	9
1～5mol/L 氢氧化钠溶液	适量	适量	适量
1～5mol/L 硫酸溶液	适量	适量	适量

制备方法

（1）将粉煤灰与物质的量浓度为 1～5mol/L 氢氧化钠溶液按固液质量比 1：(1～10) 混合均匀，将混合液缓缓倒入反应釜中，于 100～180℃下反应 8～48h；

（2）反应产物用去离子水清洗干净，于 80℃下烘干；

（3）烘干后的粉体与物质的量浓度为 1～5mol/L 硫酸溶液按固液质量比为 1：(1～10) 混合均匀，于常温下搅拌反应 1～5h；

（4）将步骤（3）中的混合液用去离子水清洗干净后，于 80℃下烘干，得到处理后的粉煤灰粉体；

（5）处理后的粉煤灰粉体与吸附助剂按配比混合均匀，得到改性粉煤灰吸附剂。

原料介绍　所述吸附助剂为氧化钙、氧化镁或聚合氯化铝。

产品应用　本品主要应用于含磷废水处理。

使用方法：利用本品制备的改性粉煤灰吸附剂，在 pH = 3～10，浓度为 25mg/L 的含磷废水中进行处理，按照磷与改性粉煤灰质量比为 1：(100～200) 投加进行处理，接触时间为 1h，磷去除率大于 91%，效果显著，可以达到国家一级排放标准。

产品特性　本品提供的制备方法不需要苛刻的设备条件，操作安全简便，原料简单且生产成本较低，工艺重现性好，可操作性强，处理条件简单，能够实现放大生产。同时，利用粉煤灰为原材料以及处理含磷废水，对保护水环境有着十分积极的意义，该处理方法经济简单，具有良好的社会效益和经济效益。

配方 142　用于酸性染料废水处理的吸附剂

原料配比

原料	配比（质量份）	
	1#	2#
β-环糊精	8	10
一水柠檬酸	1	2
PEG-400	1	1
磷酸二氢钠	0.25	0.25
壳聚糖溶液	适量	适量
硅烷偶联剂	适量	适量

制备方法　先将 β-环糊精放入到一水柠檬酸中，添加 PEG-400、磷酸二氢钠后聚合成 β-环糊精聚合物，然后在壳聚糖溶液中加入硅烷偶联剂，将 β-环糊精聚合物与壳聚糖进行交联。其中，壳聚糖与 β-环糊精聚合物摩尔比为 1：3，即可制得 β-环糊精-壳聚糖多孔膜。

原料介绍　β-环糊精和壳聚糖都是可降解的天然高分子，它们及其衍生物处理染料废水不会引起二次污染，没有毒性，对人类和自然界都没有危害。β-环糊精

（CD）是由 7 个葡萄糖单元以 α-1,4-糖苷键键合的具有空腔结构的低聚糖分子，腔内侧由氢原子构成，处于碳氢键的屏蔽中，是疏水的；外腔的顶部和底部分布着亲水的羟基，这种结构使得它可以通过主客体之间的疏水相互作用而包合多种有机物。壳聚糖可作为阳离子型和阴离子型絮凝剂，对无机化合物、极性有机化合物、蛋白质等产生絮凝作用。壳聚糖无毒，对动、植物无害，用作絮凝剂的污泥可作肥料，在环境保护方面具有广阔的应用前景。重金属离子也可被壳聚糖吸附，主要是通过壳聚糖分子中的羟基、氨基以及其他活性基团对重金属离子的螯合作用来完成，有利于增加其对金属离子的吸附率。本品是结合了 β-环糊精和壳聚糖各自的优点制备的吸附剂，可有效吸附印染废水中的酸性染料，有利于节约成本及保护环境。

本品采用具有"内疏水，外亲水"的特殊分子结构的环糊精，作为"宿主"包络不同"客体"化合物，形成结构特殊的包络物；壳聚糖（CS）是甲壳素的脱乙酰化产物，难溶于水，而溶于酸中。壳聚糖具有良好的吸附、成膜、絮凝、螯合等性能，且无毒无害，可生物降解。壳聚糖的大分子链上分布着许多羟基、氨基及一些 N-乙酰氨基，是一种良好的生物聚合物，可在酸性溶液中形成高电荷密度的阳离子聚电解质，来吸附废水中的有机质。本品结合这两种天然高分子的优点，可提高吸附材料的吸附能力和印染废水处理的效果。在吸附剂制备中避免采用环氧氯丙烷等有毒试剂，而是采用一些无毒试剂如（PEG-400）作为改性剂，柠檬酸作为交联剂，磷酸氢二钠作为催化剂。与国内外相关产品相比，β-环糊精-壳聚糖多孔膜比壳聚糖膜的吸附量增加 35%；在有机试剂的作用下，β-环糊精-壳聚糖多孔膜可以解吸出吸附物，80%～94% 的吸附物从吸附剂中解吸，再利用时可以吸附约 69%～79% 的吸附物，并且可重复利用 6 次。

所述的 β-环糊精聚合物为水不溶性的聚合物。

所述的壳聚糖的脱乙酰度为 80.0%～95.0%，其黏度为 50～800mPa·s。

所述的 β-环糊精聚合物的制备温度是 130～150℃，聚合时间为 4～5h。

所述的壳聚糖与硅烷偶联剂的反应温度是 45～55℃，反应时间为 3～5h。

所述的 β-环糊精聚合物与壳聚糖的交联温度为 45～55℃，反应时间为 0.5～1.5h。

产品应用　本品主要应用于酸性染料废水处理。

产品特性　本品采用 β-环糊精-壳聚糖多孔膜作为印染废水中酸性染料的吸附剂，结合了 β-环糊精和壳聚糖各自的优点，使对印染废水中酸性染料的吸附速率加快，吸附量增加。β-环糊精-壳聚糖多孔膜还可回收重复利用，有效降低企业的应用成本。

配方 143　用于污水处理厂二级出水的复合除磷混凝剂

原料配比

原料	配比（质量份）	
	1#	2#
聚合氯化铝	1000	3200
硫酸铝	4600	—
氯化铁	—	100
偏硅酸钠	47.6	47.6
水	10000	10000

制备方法　取各组分溶于水中，搅拌混合均匀后，配制成总有效含量质量分数

为 5%～10% 的混合液，得复合除磷混凝剂。

产品应用　本品主要应用于污水处理。

使用所述复合除磷混凝剂处理污水处理厂二级出水的方法包括混合、反应、沉淀、过滤步骤。

所述混合步骤为污水处理厂二级出水和复合除磷混凝剂快速混合，混合时间为 30～60s，搅拌强度为 500～1000s^{-1}；所述反应步骤的反应强度 G 值控制在 30～100s^{-1} 之间，反应时间控制在 10～25min 之间，反应步骤为三级反应，反应强度逐级递减。

所述的沉淀步骤在斜管沉淀池中进行，沉淀时间为 10～15min。

所述的过滤步骤为砂滤过滤或微滤膜过滤，优选为砂滤过滤，在砂滤池中进行，滤池的滤速在 7～8m^3/h 范围内，反冲洗周期在 24～30h 之间。

复合除磷混凝剂的投加量视待处理的二级出水中的磷含量而定，一般待处理的二级出水中总磷（TP）在 0.7～1.0mg/L 范围内时，需要投加 5～10mg/L（投加量以复合除磷混凝剂中各组分的有效含量计，即以 Al_2O_3、Fe_2O_3 或者 SiO_2 计），使处理后总磷（TP）的含量下降到 0.5mg/L 以下。

二级出水中大都含有溶解性的磷酸根离子和不易沉降的生物代谢物形成的悬浮物质，投加复合除磷混凝剂后，形成的水合金属离子和磷酸根离子反应产生沉淀，同悬浮物质共同沉降。聚合铝盐在反应过程中不仅提供金属离子，而且通过长链分子的吸附架桥作用，形成易于沉降的絮凝体；硫酸铝则快速提供水合金属离子形成磷沉淀；偏硅酸钠的投加视水质特性而定，当二级出水中浊度和悬浮物质（SS）的比值在 0.8～1.2 之间或者更低时，无须添加偏硅酸钠，当比值在 1.5 以上时，则需要投加少量的偏硅酸钠，有利于形成的絮凝体下沉并有效吸附微小的有机物颗粒。这里，聚合金属盐和单体金属盐的侧重不同，前者需要经过一定的时间，才能形成水合金属离子，而后者则混合后直接与磷酸根反应，因此可以缩短反应时间；但是前者的长链大分子可以通过吸附架桥和网捕的作用，生成较大的絮凝体。

产品特性

(1) 本品制作方法简单，费用较低，能够使二级出水中磷酸根形成沉淀，并快速凝聚成絮凝体沉淀下来，并将不易沉降的生物代谢物形成的悬浮物质共同沉降，因此具有形成的絮凝体易于沉降、投加量少、除磷效果好等特点，除磷和除浊效果相对于目前常用的聚合氯化铝，去除率要高 30% 以上。

(2) 本品工艺流程适宜，采用的一整套工艺参数适合二级出水的除磷和去除悬浮物质，以较小的运行成本获得最佳的处理效果，实现较高的经济效益和环境效益。

(3) 两种复合除磷混凝剂的除磷除浊效果相差不大，但是适用环境略有不同。对于再生水的色度要求不高的环境，比如市政杂用，可以考虑使用含有铁盐的混凝剂。如果对色度的要求较高，比如工业循环冷却水、景观用水等，则只能使用含有铝盐的混凝剂。

配方 144　用于污水处理的复合混凝剂

原料配比

原料	配比(质量份)		
	1#	2#	3#
七水合硫酸亚铁	50	—	—
膨润土	50	50	—

原料	配比（质量份）		
	1#	2#	3#
氯化镁	—	30	—
硫酸亚铁	—	20	30
硫酸铝	—	—	20
炉渣灰	—	—	50

制备方法 将各组分混合后粉碎过 200 目筛，即可。

产品应用 本品主要应用于工业废水处理。

使用方法：先将待处理污水的 pH 值用废酸（硫酸或盐酸）调节至 5 以下，最好是 3～4，然后加入复合混凝剂，无论是固体或液体都可，充分搅拌，这时复合混凝剂的金属离子以及辅助材料的微小颗粒与废水中的有机物质、重金属等充分接触，再在搅拌下缓慢加入稀的石灰乳，将 pH 值调至 7～9，然后再加入少量碳酸氢钠或碳酸钠溶液，最后加少量絮凝剂（聚丙烯酰胺），这时大块絮状沉淀形成。停止搅拌，上清液与沉淀既可在静态下分离，也可在动态下分离。

产品特性 本品复合混凝剂由铁、镁、铝等的可溶性化合物和一些难溶的硅铝酸盐组成。可溶性化合物包括硫酸亚铁、氯化镁、硫酸铝等，难溶硅铝酸盐包括膨润土、高岭土、硅藻土和炉渣灰等。其使用方法是在酸性条件下将复合混凝剂加入废水中，再以碱液逐步调节 pH 值至 7～9，以实现复合混凝剂对废水中有机物质的离子吸附过程。复合混凝剂也可在中性、碱性条件下直接使用。本品具有处理废水效果好，原料来源广泛，价格低等优点。

配方 145　用于污水处理的消泡剂

原料配比

原料	配比（质量份）			
	1#	2#	3#	4#
二乙醇甘油酯	0.8	1	0.9	0.88
亚乙基双硬脂酰胺	0.8	1	0.9	0.85
重质液体石蜡	2.4	3.6	3	3.2
机油	40	45	42.5	41
煤油	20	25	22.5	21
二甲基硅油	30	32	31	31.2
白炭黑	1	1.4	1.2	1.15

制备方法

（1）先将二乙醇甘油酯、亚乙基双硬脂酰胺和重质液体石蜡于 100～120℃下混合，搅拌 20～30min，得到混合物；

（2）将机油和煤油混合调配，充分混合均匀，形成机油和煤油的均匀二元混合物，将步骤（1）得到的混合物加入到机油和煤油的均匀二元混合物中，混合搅拌，进行乳化；

（3）乳化完成后，待温度降至 32℃以下，再加入二甲基硅油，最后在常温下，加入白炭黑，搅匀出料，得到的稳定乳液即为本消泡剂。

原料介绍 所述的机油是指 40℃时的运动黏度为 13.5～35.2mm²/s 的机油。上述机油优选 40℃时运动黏度为 28.8～35.2mm²/s 的机油。

本品所述的煤油是指 100℃时的运动黏度为不小于 5.0mm²/s 的煤油。

本品所述的机油和煤油为使用过的废弃机油和废弃煤油。

机油，也可以称为润滑油，是由基础油（矿物油）和添加剂严格按一定比例调配而成的，主要的添加剂有抗磨剂、抗氧化剂、清洁分散剂等，废弃机油即用于润滑后废弃的机油。

废弃煤油即商品煤油，是用于检修机器清洗零件产生的煤油，使用废弃后过滤的煤油。

所述的二乙醇甘油酯为市售产品，也可以通过常规工艺制得，制备方法如下：将油酸和二甘醇按一定摩尔比，先将油酸加入釜中，在氮气保护下升温至 130℃，逐渐加入二甘醇，加毕升温至（195±5）℃，维持 6h，连续氮气带水，测酸值合格后，降温出料，备用。

所述的亚乙基双硬脂酰胺为市售产品，也可以通过常规工艺制得，制备方法如下：先将硬脂酸投入反应釜中，在氮气保护下升温至 170℃，按一定的摩尔比缓缓加入乙二胺，加毕升温至（185±2）℃，维持 6h，连续氮气带水，检验合格后，出料冷却刮片，备用。

产品应用　本品主要应用于污水处理。

产品特性

（1）本品解决了现有技术中的有机硅和聚醚类消泡剂价格昂贵，使得污水处理的成本高的问题。本品消泡剂的性能与现有消泡剂相当，甚至优于现有消泡剂，能够提高消泡效果、消泡速度和抑泡时间，稳定性佳，成本低廉，大大降低了污水处理成本。

（2）本品优选的机油和煤油可以采用工业中使用过的废弃机油和煤油，不仅可消除废弃油对废水及其他环境的影响，还可大幅度减少消泡剂的成本，以废治废，消除排放水中大量泡沫。

（3）本品还在常规消泡剂制备方法的基础上进行了优化和改进，其混合调配工艺、乳化工艺和稳定工艺更有益于使用工业废弃机油和工业废弃煤油制备消泡剂。

配方 146　用于油田回注水的多功能水处理剂

原料配比

原料	配比（质量份）				
	1#	2#	3#	4#	5#
聚马来酸酐	15	10	15	8	8
葡萄糖酸钠	5	8	5	10	10
十七烷基咪唑啉	10	—	5	—	8
十六烷基咪唑啉	10	—	—	—	—
十八烷基咪唑啉	—	18	20	22	10
六亚甲基四胺	—	4	—	—	—
十八胺	5	—	5	5	4
聚环氧乙烷十八胺	6	6	6	6	6
十二烷基二甲基苄基氯化铵	20	20	15	20	20
十四烷基二甲基苄基氯化铵	—	—	5	5	—
癸烷咪唑啉	5	5	—	—	—
十一烷基咪唑啉	5	5	—	—	—
十二烷基咪唑啉	5	5	—	—	—
十三烷基咪唑啉	—	—	4	6	7.5
十四烷基咪唑啉	—	—	4	6	7.5

原料	配比（质量份）				
	1#	2#	3#	4#	5#
去离子水	14	19	16	12	19

制备方法 在常温下将各组分按比例加入容器中，搅拌均匀即得所需产品。

产品应用 本品适用于无氧体系的油田回注水处理，同时对于含 CO_2 和 H_2S 的回注水也有非常好的效果。使用时，对回注水无须做任何预处理，只需将制备好的多功能水处理剂按所需浓度加入回注水系统的管网中即可。

产品特性

（1）属于无磷配方，使用过程中不易形成磷酸钙垢，且排放水中磷含量远低于国家标准，属于环境友好型水处理剂；

（2）将生化技术及表面技术与传统的水质稳定技术相结合，通过大量的实验室试验更改药剂的复配组分，最终试剂配方配伍性良好，有助于各组分高效发挥其作用；

（3）通过大量的实验室试验，将阻垢、缓蚀、杀菌各种组分高效复配在同一试剂中，通过较少用量即可完成对回注水的多方面处理，且配制简单、使用方便，有效地降低了油田的生产成本；

（4）具有净化水质功能，解决了由于回注水恶化造成的一系列危害油田正常运行的问题，对环境保护也有很大的促进作用。

配方 147 油井用回注水处理剂

原料配比

原料	配比（质量份）					
	1#	2#	3#	4#	5#	6#
过硫酸钾	45	—	—	—	—	—
亚氯酸钠	—	15	—	—	—	—
二氧化氯	—	—	65	—	—	—
过硫酸钠	—	—	—	25	—	—
高锰酸钾	—	—	—	—	55	—
氯酸钾	—	—	—	—	—	50
硅藻土	20	—	34	—	—	25
活性白土	—	12	—	—	—	—
聚合氯化铝	—	—	—	16	—	—
聚合硫酸铝	—	—	—	—	25	—
乙二胺四乙酸钠	8	—	—	6	—	7
二乙烯三胺五羧酸钠	—	5	—	—	—	—
焦磷酸钠	—	—	—	—	10	—
柠檬酸钠	—	—	12	—	—	—
三聚磷酸钠	20	—	—	—	22	—
硅酸钠	—	—	—	—	—	18
硝酸钠	—	20	—	24	—	—
氯化钾	25	—	—	18	35	—
硫酸钾	—	15	—	—	—	—
氟化钾	—	—	15	—	—	—
氯化钠	—	—	39	—	—	—
氯化铵	—	—	—	—	—	30
十二烷基硫酸钠	8	3	15	—	12	—

原料	配比（质量份）					
	1#	2#	3#	4#	5#	6#
皂角苷	—	—	—	4	—	—
拉开粉	—	—	—	—	—	7

制备方法 将各组分混合均匀即可。

产品应用 本品主要应用于油田污水处理。

产品特性 本品解决了目前回注水处理上出现的问题，避免了目前水处理繁杂的施工程序，处理后的回注水符合相关标准，满足工程的需要，有非常广阔的应用前景。

配方 148　油田采出水处理复合混凝剂

原料配比

原料	配比（质量份）		
	1#	2#	3#
PAC	28	32	30
分子量为 800 万的 PAM	0.8	1.2	1
水	400L	600L	500L

制备方法 将各组分混合均匀即可。

原料介绍 所述的 PAC 为聚合氯化铝，分子式为 $[Al_2(OH)_nCl_{6-n}]_m$，其中，n 和 m 都为自然数，$n=3\sim5$，$m\leqslant10$。所述的 PAM 为聚丙烯酰胺。所述的复合混凝剂为固态粉末状或液体溶液。

产品应用 本品主要应用于油田采出水处理。

产品特性

(1) 油田采用本品复合混凝剂的水处理效果好，当 PAC：分子量为 800 万的 PAM：水 $=30:1:(5\times10^5)$ 时，处理效果最好，上清液悬浮物（SS）由 108mg/L 降至 12mg/L，含油量由 27.25mg/L 降至 8.55mg/L。

(2) 混凝效果明显，除油效率约为 88%，除悬浮物（SS）效率约为 68.6% 以上。

(3) 价格低廉。

配方 149　油田用注水缓蚀剂

原料配比

原料	配比（质量份）	
	1#	2#
脂肪酸	110	100
多胺	38+38	55
携水溶剂	20	15
氯乙酸	300	300
炔醇	适量	适量
碱金属碘化物 1	适量	适量
碱金属碘化物 2	适量	适量
溶剂	适量	适量

制备方法

(1) 将脂肪酸、部分多胺和携水溶剂同时加入到带有搅拌和蒸馏装置的反应器中，在 145～175℃ 条件下反应 3h 后，再向反应器中滴加剩余的多胺，继续升温，于 240～260℃ 条件下反应 2～5h，得到咪唑啉中间体。

(2) 将氯乙酸溶于水中配成溶液，然后将此溶液加入至带有搅拌器、温度计和蒸馏装置的反应器中，升温至 90～100℃，然后慢慢地滴加咪唑啉中间体进行反应，整个滴加时间控制在 2～3h，反应后得到咪唑啉的季铵化衍生物。

(3) 将合成的衍生物与炔醇、碱金属碘化物 1、碱金属碘化物 2 及溶剂混合，搅拌均匀即得成品。

产品应用 本品为油田注水介质的缓蚀剂，可适用于油田污水管线、注水管线及注水井油管表面的防腐。

产品特性 本品制造工艺简单，成本低廉，无污染、无异味，性能优良，用量少，吸附膜寿命长，效率高，缓蚀率可达 85% 以上；在高含 CO_2、高含 Cl^-、高矿化度、高含铁及低 pH 值的污水介质环境中也可发挥良好的缓蚀效果，对管线的腐蚀进行有效控制，对碳钢材料也可进行有效保护。

配方 150 油脂加工废水处理剂

原料配比

原料	配比（质量份）	
	1#	2#
硫酸铝	42	31
聚丙烯酰胺	2	5
硅藻土	28	21
硫酸锌	3	4

制备方法 将各组分混合均匀即可。

产品应用 本品主要应用于油脂加工废水处理。

产品特性 本品配方合理，使用效果好，生产成本低。

配方 151 有机污水处理复合药剂

原料配比

原料	配比（质量份）							
	1#	2#	3#	4#	5#	6#	7#	8#
聚合氯化铝	98	94	96	94	94	94	94	94
三氯化铁	2	6	4	6	6	6	6	6
二氯化铜	—	—	—	2	2	—	2	2
三氯异氰尿酸	—	—	—	—	2	—	—	2
聚丙烯酰胺	—	—	—	—	—	1	1	1

制备方法 将各组分混合均匀即可。

产品应用 本品可广泛应用于食品、纺织、造纸、皮革、医药等工业污水的处理。

产品特性 本品原料配比科学，工艺过程容易控制，产品性能优良，使用效果好。在污水混凝过程中，利用各自的亲和性，发挥主要作用和辅助作用，使污水迅速反应沉淀，能适应多变的污水，且处理工艺流程简单，不但对生物需氧量和化学需氧量除去率高，同时可杀死菌、藻等有害物质，使上述物质形成絮体快速沉淀分离。加有聚合氯化铝的药剂对水质的 pH 值适应范围在 2～13 之间，除 pH 值的适应度外，对各种有机污水均无明显的差异，对较高的 COD 和 BOD 去除率在 60% 以上。通过接触氧化进行曝气，可去除溶解性的 COD 和 BOD 最少在 80%，可确保达到污水综合排放标准。

配方 152 有机物废水处理剂

原料配比

原料	配比（质量份）	
	1#	2#
硫酸亚铁	12	16
双氧水	58	70
乙二醇	11	19

制备方法 将各组分混合均匀即可。

原料介绍 本品各组分配比（质量份）范围为：硫酸亚铁 10～20、双氧水 50～80、乙二醇 10～20。

产品应用 本品主要应用于废水处理。

产品特性 本品配方合理，使用效果好，生产成本低。

配方 153 原油类油污水处理剂

原料配比

原料	配比（质量份）	原料	配比（质量份）
非离子型表面活性剂	25	甲醇	35
阳离子型聚丙烯酰胺（分子量为 1000 万,阳离子度为 12%）	1	去离子水	39

制备方法 按配方量以去离子水为溶剂将各组分机械搅拌混合均匀制成。

产品应用 本品主要应用于原油类污水处理。

产品特性 本品采用非离子型表面活性剂，能够迅速到达乳化颗粒的油水界面并释放水层，使乳化油游离出来；同时，表面活性剂分子本身又可以起到架桥作用，有效凝聚油滴，加速其上浮；此外，非离子型试剂优良的配伍性能有利于多种化学组分协同作用，实现污水处理过程中一剂多能的目的。

配方 154 再生造纸废水处理剂

原料配比

原料	配比（质量份）	
	1#	2#
水解聚丙烯酰胺	8	10
聚合氯化铝	8	6
硫酸	0.5	1
水	加至 100	加至 100

制备方法 将各组分混合均匀即可。

产品应用 本品主要应用于造纸废水处理。

产品特性 本品配方合理，使用效果好，生产成本低。

配方 155 造纸厂废水处理剂

原料配比

原料	配比(质量份)	
	1#	2#
淀粉黄原酸酯	55	50
硫酸	10	8
阳离子絮凝剂	10	9
水	加至 100	加至 100

制备方法 将各组分混合均匀即可。
产品应用 本品主要应用于造纸厂废水处理。
产品特性 本品配方合理，使用效果好，生产成本低。

配方 156 复合型造纸厂污水处理剂

原料配比

原料	配比(质量份)		
	1#	2#	3#
淀粉黄原酸酯	25	35	45
复合混凝剂	5	10	15
改性磺化木质素	10	15	20
苯并三氮唑	1	2	3
2-磷酸丁烷-1,2,4-三羧酸	40	45	50
葡萄糖酸锌	40	46	50
乙醇	2	4	5
水	30	35	40
阳离子絮凝剂	5	16	15

制备方法

(1) 复合混凝剂的制备：将无机酸和红黏土混合进行浸析反应，红黏土与无机酸的质量比为 (1∶1)～(3∶1)，其中无机酸为硫酸，硫酸的质量分数为 30%～55%，反应温度为 50～60℃，反应时间大于 60min，将反应生成物筛分去除砂石。

(2) 改性磺化木质素的制备：在造纸黑液中加入少量聚铁，质量比为 (2000∶1)～(2000∶2)，加酸调节 pH 值为 3～4，控制温度为 55℃，黑液絮凝分层、过滤后，滤饼恒温烘干，研碎，即得到木质素，取质量比为 4∶3 的木质素和亚硫酸钠，再加入质量分数为 10% 的氢氧化钠使木质素溶解，调节 pH 值为 7，置于反应器中，控制温度为 65℃，反应 5h，冷却，取出，离心分离，即得改性磺化木质素。

(3) 污水处理剂的制备：将各组分混合均匀即可。

产品应用 本品主要应用于污水处理。

产品特性 本品加入循环水系统后能有效地起到缓蚀、阻垢和抑制藻类生长的效果，对冷却水系统起到了良好的保护作用，整个过程无"三废"排出，解决了制浆造纸厂的黑液污染问题，并将本品用于污水的处理，以废治废，处理工艺简单、用药量少、效果好，有效地降低了水处理的成本，具有很好的经济效益和广泛的社会效益。

配方 157 造纸厂污水处理剂（一）

原料配比

原料	配比（质量份）		
	1#	2#	3#
生物质炭粉	55	80	70
聚合硫酸铁	40	—	—
羧甲基淀粉	—	20	—
聚合氯化铝	—	—	25
乙二胺	40	30	30
磷酸氢二钠	10	—	—
磷酸钾	—	15	—
磷酸氢钾	—	—	12

制备方法 将各组分混合均匀即可。

产品应用 本品主要应用于造纸厂污水处理。

产品特性 本品加入循环水系统后能有效地起到缓蚀、阻垢和抑制藻类生长的效果，对冷却水系统起到了良好的保护作用，整个过程无"三废"排出，解决了制浆造纸厂的黑液污染问题，将本品用于污水的处理，以废治废，处理工艺简单、用药量少、效果好，有效地降低了水处理的成本。

配方 158 铝酸钠造纸废水处理剂

原料配比

原料	配比（质量份）	
	1#	2#
铝酸钠	33	37
硫酸铝	5	3
四乙烯基戊胺	3	1
聚乙烯酰胺	3	5

制备方法 将各组分混合均匀即可。

产品应用 本品主要应用于造纸废水处理。

产品特性 本品配方合理，使用效果好，生产成本低。

配方 159 造纸工业废水处理剂

原料配比

原料	配比（质量份）	
	1#	2#
铁屑	6	8
硫酸	12	10
亚硝酸钾	1	2
水	加至 100	加至 100

制备方法 将各组分混合均匀即可。

产品应用 本品主要应用于造纸工业废水处理。

产品特性 本品配方合理，使用效果好，生产成本低。

配方 160 造纸脱墨废水处理剂

原料配比

原料	配比(质量份)	
	1#	2#
改性聚丙烯酰胺	0.5	0.8
过硫酸铵	3	5
聚合硫酸铁	30	25
水	加至 100	加至 100

制备方法 将各组分混合均匀即可。

产品应用 本品主要应用于造纸脱墨废水处理。

产品特性 本品配方合理，使用效果好，生产成本低。

配方 161 造纸污水处理剂

原料配比

原料			配比(质量份)
A 组分	a 料	聚丙烯酰胺	1
		水	99
	b 料	壳聚糖	4
		冰醋酸	54
		水	42
	a 料∶b 料∶氢氧化钠		85∶10∶5
B 组分	氯化钠		2
	水		86
	氯化钾		2
	硫酸铝钾		10

制备方法

A 组分的制备：

(1) 将聚丙烯酰胺与水放入反应釜中，搅拌均匀，其搅拌速度为 80～120r/min，时间为 30min 左右，得 a 料；

(2) 将壳聚糖溶于冰醋酸和水的混合溶液中，搅拌均匀，得 b 料；

(3) 将 b 料溶于 a 料中，搅拌均匀后再加入氢氧化钠，搅拌均匀即得 A 组分。

B 组分的制备：先将氯化钠加入水中搅拌均匀，其搅拌速度为 80～120r/min，搅拌时间为 10min 左右，然后加入氯化钾，搅拌均匀后再加入硫酸铝钾，再搅拌均匀即可。

产品应用 本品适用于对造纸业排放污水"打浆水"和"网箱水"的处理。

使用本品处理污水的方法：经粉碎、清洗和研磨后的污水进入泥沙沉积池，纸浆进入粗浆池，再进入备用精浆池。

(1) 将经过泥沙沉积处理后的污水引入搅拌池后注入污水处理剂的 B 组分，投放量一般为 3‰，搅拌均匀（大约 3～5min 即可），然后引入沉淀池，大约经 10min 即可使污染物与水分离，分离出的水可直接进入蓄水池回收。

(2) 在备用精浆池中注入污水处理剂的 A 组分，投放量一般为 2‰，搅拌均匀（约需 30min），然后引入在用精浆池。成纸后的"网箱水"引入沉淀池，最后进入蓄水池回收。

产品特性　本品以纯化学制剂治理污水，并选用了壳聚糖和硫酸铝钾等化工原料，治理时只需将处理剂投入污水或精浆中，操作简单、方便，且无须投入大量设备或大型设施，从而大大降低了污水处理设施的一次性投资费用。

本品除了有回收水的效果外，还可使成品纸增产7%，经济回报十分可观。另外，本品还具有处理剂注入污水后溶解快、反应快、处理时间短的优点。

配方 162　造纸厂污水处理剂（二）

原料配比

原料		配比（质量份）	
		1#	2#
A 处理剂	盐酸	508	298
	高岭土矿粉	250	285
	氧化铝	20	10
	水	215	334
B 处理剂	亚硫酸钙	320	200
	重晶石（矿粉）	50	40
	滑石粉	60	58
	水	200	200

制备方法

（1）先把盐酸放入搪瓷罐，然后加入助剂总量0.3～5倍的水，开始搅拌，再逐步加入高岭土矿粉、氧化铝进行反应，时间为4～5h，控制 pH 值为0.25～3，反应结束后进行冷却，沉淀取上清液，除渣，得 A 处理剂。

（2）取亚硫酸钙、重晶石（矿粉）、滑石粉，加水搅拌均匀，得 B 处理剂。

产品应用　本品适用于造纸工业黑液废水的处理，还可以用于城市污水的处理。

处理污水时的操作条件为：加药量与废水的量之比为（1∶10000）～（6∶10000），停留或沉淀时间为8～40min。

举例说明处理造纸黑液废水的操作：需处理造纸原水、黑液废水的水量为10t，排入调节池，分别加入 A 处理剂2.8kg，B 处理剂1.7kg，两种处理剂同时泵前加入搅拌，送入反应槽充分反应，停30min，排入沉淀池，沉淀10～15min，进入净化池循环净化停留30min，处理完毕。清水回用或达标排放，滤泥经压滤制复合肥。

产品特性

（1）本品简称为 B/O 处理药剂，是一种复合配制的污水处理剂，利用化学高分子转移脱色破坏污水的胶状体；将有机物从水中析出，并将各种杂质悬浮物形成球状絮凝沉淀。

（2）污水和药剂在调试室内经过调试反应槽特殊设计，得到充分混合，并在搅拌下依靠旋流力使药剂和有机污染物进一步充分混凝，取得最佳沉淀净化效果，可以连续排放。

（3）经处理后的污水通过辐流沉淀池进行固液分离，污泥自池底用刮泥机刮到污泥池，然后抽到压滤机脱水，残液送至反应槽与被处理的水（原水）混合反应，达到了本品化学反应法的要求，造纸黑液废水经脱色、絮凝、沉淀、净化，使水质变得白色透明，排出口的水可回收利用，达到零排放的最佳效果。

（4）采用本品处理造纸废水不需要庞大复杂的传统多级物化、生化处理设备，减少了投资，降低了运行费用。

综上所述，本品操作简便，管理方便，运行成本低，投资少，耗电少，去除率高，处理效果好，出水完全可以达到国家规定的排放标准；适应性强，能连续处理排放，水可回用；不受温度影响，耐冲击负荷。

配方 163　造纸工业污水处理剂

原料配比

原料	配比（质量份）	
	1#	2#
玉米淀粉	50	40
聚丙烯酰胺	2	3
3-氯-2-羟丙基三甲基氯化铵	25	20
乙酸钠	1	2
水	加至 100	加至 100

制备方法　将各组分混合均匀即可。

产品应用　本品主要应用于造纸污水处理。

产品特性　本品配方合理，使用效果好，生产成本低。

配方 164　造纸污水净水剂

原料配比

原料	配比（质量份）		
	1#	2#	3#
膨润土	3	5	4
铝矾土	2	4	3
高岭土	1	3	2
硅藻土	1	2	1.5
沸石粉（细度为 100～300 目）	3～5	3～5	3～5
5%～15%硫酸	总质量的 1%～3%	总质量的 1%～3%	总质量的 1%～3%

制备方法

（1）将膨润土、铝矾土、高岭土、硅藻土混合后水洗；

（2）将水洗后的上层乳浆压滤成固体，按质量配比取 5～7 份该固体与 3～5 份沸石粉（细度为 100～300 目）混合，在混合物中加入酸溶液（硫酸溶液，浓度为 5%～15%，加入量为混合物质量的 1%～3%）搅拌均匀，在 40～60℃的温度下放置 16～24h；

（3）将步骤（2）中的混合物进行水洗至 pH 值为 5～8；

（4）将步骤（3）中的物料干燥、粉碎、包装即为成品。

产品应用　本品可用于造纸厂的造纸污水处理。

产品特性　本品不溶于水，无毒，具有极强的吸附性、去味性、脱色性和凝聚性；净水剂的用量少，一般为每吨造纸污水添加 0.5‰～1.5‰；一般浓度污水不需要添加辅助剂，使用后造纸污水会很快分层，沉淀快。由于造纸污水里的纤维、填料被吸附、聚凝、沉淀，污水的 SS 值大大降低，对 COD 有明显分解作用；本品吸附污水的臭味，使污水达到国家 1、2 级排放标准。此外，沉渣中的纸纤维占沉渣体积的 70%以上，可按一定比例加入纸浆中继续造纸，节约造纸原材料，无二次污染，造纸污水处理达标后，也可反复循环使用，从而节约大量水资源。

配方 165 长支链水溶性聚合物水处理剂

原料配比

原料	配比(质量份)				
	1#	2#	3#	4#	5#
丙烯酰胺	98	70	—	99.9	—
甲基丙烯酸	—	—	—	—	97
丙烯酸	—	—	85	—	—
N-乙烯基吡咯烷酮	—	—	5	—	—
丙烯酸月桂酯	2	—	—	—	—
甲基丙烯酸异辛酯	—	28	—	—	—
丙烯酸二十二烷基酯	—	2	—	—	2
丙烯酸异癸酯	—	—	5	—	—
丙烯酸十八酯	—	—	5	0.1	—
过氧化二苯甲酰	—	0.5	3	—	—
2-苯氧基乙基丙烯酸酯	—	—	—	—	1
偶氮二异丁腈	1	—	—	—	—
偶氮二异庚腈	—	—	—	1	0.1
甲醇	100(体积份)	—	—	—	—
正十二烷基硫醇	—	0.2	1	—	0.01
正庚醇	—	50	—	—	—
丙酮	—	—	—	50	—

制备方法 将水溶性单体、长脂肪碳链单体、引发剂、链转移剂和共溶剂加入高压反应釜中，用二氧化碳吹扫除去反应釜内空气后密封反应釜；在搅拌条件和50～90℃下，将二氧化碳加入反应釜中，至釜内压力达12～22MPa（此时的二氧化碳为50～90℃、12～22MPa的超临界二氧化碳），开始反应，至釜内压力不再上升时反应结束，得粗产物；再利用相同条件（50～90℃、12～22MPa）的超临界二氧化碳对粗产物进行原位抽提纯化，将粗产物中的残留反应物带出，实现产物与杂质的分离，得到均匀白色粉末产物，即长支链聚合物水处理剂。该方法制备长支链水溶性聚合物水处理剂的收率大于90%。

所述二氧化碳吹扫时间是10～30min。

原料介绍 所述水溶性单体为丙烯酸、甲基丙烯酸、丙烯酰胺、甲基丙烯酰胺、衣康酸、马来酸、马来酸酐或 N-乙烯基吡咯烷酮中的一种及以上。

所述长脂肪碳链单体为丙烯酸酯类单体，即丙烯酸类单体与长碳链脂肪醇的酯化产物，所述丙烯酸类单体包括丙烯酸或甲基丙烯酸，所述丙烯酸酯类单体的酯基的简式为—COOR，R 为碳原子数为4～40的芳基或烷基。

所述长脂肪碳链单体为丙烯酸丁酯、甲基丙烯酸丁酯、丙烯酸异癸酯、甲基丙烯酸异癸酯、丙烯酸异辛酯、甲基丙烯酸异辛酯、丙烯酸月桂酯、甲基丙烯酸月桂酯、丙烯酸十八酯、丙烯酸二十二烷基酯、2-苯氧基乙基丙烯酸酯、苯氧基（2）乙氧基乙基丙烯酸酯［结构式为 $\text{苯环}-O(CH_2-CH_2-O)_3\overset{\displaystyle O}{\overset{\|}{C}}-CH=CH_2$］或壬基苯氧基（3）乙氧基乙基丙烯酸酯［结构式为 $C_9H_{19}-\text{苯环}-O(CH_2-CH_2-O)_4\overset{\displaystyle O}{\overset{\|}{C}}-CH=CH_2$］中的一种及以上。

所述引发剂为过氧化二苯甲酰、过氧化二乙酰、过氧化月桂酰、偶氮二异丁腈、偶氮二异庚腈或偶氮二异丁酸二甲酯中的一种及以上。

所述链转移剂选自正十二烷基硫醇、叔十二烷基硫醇或巯基乙醇中的一种及以上。

所述共溶剂选自丙酮、丁酮、甲醇、乙醇、正丙醇、异丙醇、正丁醇、正戊醇或正庚醇中的一种或几种。

该水处理剂的黏均分子量为 70 万～240 万。

本配方通过在超临界二氧化碳中的自由基沉淀聚合得到水处理剂，避免了任何乳化剂或分散剂的添加，工艺简单，反应温度和压力适中，且产物纯度高，易分离纯化，具有独特的优势，对水处理行业实现污水处理过程的优化，实现污水处理后的回用和缓解水资源危机，特别是对含染料废水的处理，具有重要的现实意义和环保价值。

本品的水处理剂在水中产生疏水缔合作用，聚合物链之间产生分子内和分子间的缔合形成可逆的网状分子结构，显著地提高水溶液黏度，使其具有显著的浊度去除率、色度去除率和 COD_{Cr} 去除率，水处理综合性能优异。

产品应用 本品主要应用于污水处理。

使用方法：将所述长支链水溶性聚合物水处理剂或所述长支链水溶性聚合物水处理剂的水溶液投入污水，尤其是含染料污水中，经搅拌进行絮凝、脱色和沉淀即可。

产品特性

（1）通过对长支链水溶性聚合物的分子结构设计，一方面大大增加了水溶性聚合物疏水性长支链段的缔合作用，使水溶性聚合物形成网络；另一方面由于长支链疏水基团的存在增强了水处理剂与非极性污染物之间的作用，特别对不易絮凝的含染料污水处理具有显著效果。如在染料浓度为 0.057g/L 的污水中，加入 0.073g 该聚合物，浊度、色度和 COD_{Cr} 去除率分别达到 90%、90% 和 75% 以上，水处理性能优异。

（2）可调节水溶性单体和长脂肪碳链单体的种类以及用量，获得合适的疏水缔合效果。

（3）合成方法简便，产物纯度高，不会形成毒性副产物。

（4）可直接投加长支链水溶性聚合物水处理剂，或将其水溶液作为水处理剂，便于运输和使用，以适应不同应用要求。

（5）本品性能稳定，其水溶液在室温下贮存 12 个月，性能仍保持稳定。

配方 166 针对洗煤废水的复合水处理剂

原料配比

原料	配比（质量份）												
	1#	2#	3#	4#	5#	6#	7#	8#	9#	10#	11#	12#	13#
絮凝剂	40	20	20	20	20	40	40	40	25	35	20	40	40
吸附剂	20	30	20	20	30	20	30	30	25	28	20	30	20
填充剂	40	40	60	40	60	60	40	60	45	55	40	60	60
助悬剂	0.5	0.5	0.5	1	1	1		0.5	0.8	0.9	0.5	1	1

制备方法 将各组分按比例加入到容器中，加 5～10 倍量的水，用高剪切乳化机乳化均匀后即得浆状黏稠物体，成为所述的针对洗煤废水的复合水处理剂。

原料介绍 选取壳聚糖、明胶、阿拉伯胶之一作为絮凝剂，选取活性炭、硅藻土、中性氧化铝之一作为吸附剂，选取硅藻土、活性白土之一作为填充剂，选取吐温-80、烷醇酰胺之一作为助悬剂。

产品应用 本品主要应用于洗煤水处理。

使用方法：根据水的污染程度按照 5%～15% 的投药量，均匀喷洒于污水中，自然吸附沉降。

产品特性 本品能够使处理过的水色度及 COD 大幅降低，完全满足回用要求，大大减少企业用水量，提高水资源利用率。本品所选取的药剂均是价格低廉的工业产品，极大地降低了水处理剂的使用成本。

配方 167　制革废水处理剂

原料配比

原料	配比（质量份）		原料	配比（质量份）	
	1#	2#		1#	2#
氢氧化钙	0.01	0.03	硫酸亚铁	280	220
聚丙烯酰胺	5	1～5	明矾	55	68

制备方法 将各组分混合均匀即可。

产品应用 本品主要应用于制革废水处理。

产品特性 本品配方合理，使用效果好，生产成本低。

配方 168　制革废水处理用混凝剂

原料配比

原料	配比（质量份）								
	1#	2#	3#	4#	5#	6#	7#	8#	9#
酸洗废液	90	61.99	85	71.97	60	88.97	73	84.88	80
铝酸钙	8.99	37	11.97	25	36.97	8	24.98	13	18.99
助剂	1	1	3	3	3	3	2	2	1
催化剂	0.01	0.01	0.03	0.03	0.03	0.03	0.02	0.02	0.01

制备方法 先将酸洗废液、铝酸钙、助剂和催化剂按比例混合，再采用蒸汽加温并同时搅拌制得专用混凝剂。

原料介绍 所述酸洗废液的成分主要包括氯化亚铁或硫酸亚铁 10～20 份、氯化氢 3～10 份和水余量。

所述助剂采用硅酸铝。

所述催化剂主要包括葡萄糖、维生素、食盐和三氯化铁。

产品应用 本品主要应用于制革废水处理。

使用方法：将制革综合废水导入调节池内平衡水质、水量后，通过污水泵进入反应池。

混凝反应：在反应池中投加废水量的 2‰ 左右的混凝剂，辅以混凝条件后进行混凝反应并进入沉淀池沉淀。

生化处理：将混凝反应并沉淀后的出水进行生化处理。

出水排放：将生化处理后的出水进行排放。

产品特性 本品利用钢铁酸洗废液配制出制革废水处理混凝剂，减轻了钢铁深加工行业的酸洗废液处理负担，降低了其处理费用，提高了制革行业废水的处理效果，制革废水中有机污染物 COD_{Cr} 的去除率比普通铝盐或铁盐类混凝剂提高了 20% 以上，由原来的 40% 左右提高到 60% 以上，大大提高了处理效率；去除了废水中硫化物及铬等多种有毒物质，对硫化物和铬的去除率达到 95% 以上，保证了后续制革废水二级生化处理系统的正常运行；降低了制革废水的处理成本，在废水排放中实现了以废治废的目的。该混凝剂对原水的 pH 值的适用范围很广，保证了制革行业污染源的稳定达标，推动了皮革工业的快速发展。

3 锅炉水处理剂

配方 1　多功能锅炉水处理剂

原料配比

原料	配比（质量份）	原料	配比（质量份）
催化亚硫酸钾	50	碳酸钠	20
异抗坏血酸	7	氢氧化钠	5
二乙烯三胺	3	水	90
磷酸三钠	15		

制备方法　将各组分粉碎后混合均匀，加入水稀释并搅拌均匀后装桶制成药剂。

原料介绍　催化亚硫酸钾包括亚硫酸钾和对苯二酚，加入异抗坏血酸后，其具有较佳的除氧效果；二乙烯三胺具有很好的缓蚀功能；磷酸三钠可以在金属上形成钝化膜；碳酸钠和氢氧化钠起到调节 pH 值的作用。

产品应用　本品主要应用于锅炉水处理。

使用方法：将本品用于某发电厂燃煤锅炉，用药量考虑按锅炉水质，每吨水加药剂 0.2～0.5kg，按比例用泵把药液加入供水管，经过一个循环后测量水质，其除氧率和防垢率分别达到了 90％和 80％。

产品特性

（1）本品多功能锅炉水处理剂能够使锅炉水中溶解氧迅速除去，解决锅炉及管路、换热器的腐蚀问题。

（2）本品多功能锅炉水处理剂还能使锅炉水水质硬度降低，减少并阻止水垢的形成，使用后锅炉水的含氧量在国家标准范围内。

（3）本品多功能锅炉水处理剂还具有除残硬和防垢作用。

配方 2　多功能节能水处理药剂

原料配比

原料	配比（质量份）	原料	配比（质量份）
催化亚硫酸钠	55	碳酸钠	20
2,3-二氨基哌啶	6	氢氧化钠	5
环己胺	4	水	90
磷酸三钠	10		

制备方法　将催化亚硫酸钠、2,3-二氨基哌啶、环己胺、磷酸三钠、碳酸钠和氢氧化钠粉碎后混合均匀，加入水稀释均匀后装桶制成药剂。

原料介绍　催化亚硫酸钠包括亚硫酸钠和对苯二酚，具有较佳的除氧效果；2,3-二氨基哌啶在锅炉水除氧过程中起到催化作用；环己胺具有缓蚀功能；磷酸三钠可以在金属上形成钝化膜；碳酸钠和氢氧化钠起到增加 pH 值的作用。

产品应用 本品主要应用于锅炉水除氧、阻垢、防垢处理。

使用方法：每吨水加药剂 0.2～0.5kg，按比例用泵把药液加入供水管。

产品特性 本品多功能节能水处理药剂能够使锅炉水中溶解氧迅速除去，解决锅炉及管路、换热器的腐蚀，还能使锅炉水水质硬度降低，减少并阻止水垢的形成。使用后锅炉水的含氧量在国家标准范围内。本品还具有除残硬和防垢作用。

配方 3　多功能水处理剂

原料配比

原料	配比(质量份)	原料	配比(质量份)
碳酸钠	100	乙二胺四乙酸	2
腐植酸钠	100	105 净洗剂	1
六偏磷酸钠	25	栲胶/淀粉	10
水合肼	25	水	加至 1000
羟基亚乙基二磷酸	5		

制备方法

(1) 将栲胶或淀粉用热水溶化开，备用；

(2) 用热水将碳酸钠溶解，完全溶解后加入六偏磷酸钠、乙二胺四乙酸和羟基亚乙基二磷酸，搅拌至全部溶解；

(3) 将步骤 (2) 中的物料边搅拌边加入腐植酸钠，至完全溶解后再加入水合肼、步骤 (1) 中的物料、105 净洗剂，全部加完后搅拌均匀即为成品。

产品应用 本品可广泛用于蒸汽锅炉、暖水炉、暖气片、暖气管道、汽车水箱、家庭土暖气、石油化工医药、橡胶等设备的清洗、除垢、阻垢。

产品特性 本品具有以下优点：

(1) 生产工艺简单，原料易得，成本低，效益高，无毒、无味、无腐蚀，除垢、阻垢效果好。

(2) 本品为多功能、综合性强的水处理剂，在除垢剂、阻垢剂的基础上加入了渗透剂、除氧剂、悬浮剂、软水剂。在清洗锅炉时不用停炉停产，在正常运行时即可将炉内所积的钙、镁、硅、铁垢清洗掉，清洗完锅炉后，在炉壁上能形成一层很薄的保护膜，永不增厚，不影响导热，很光滑，达到防垢、防锈、防腐蚀的目的。

配方 4　多功能水处理药剂

原料配比

原料	配比(质量份)	原料	配比(质量份)
聚环氧琥珀酸	18	乙二胺四乙酸钠	8
聚丙烯酸	22	磷酸三钠	10
丙烯酸/磺基丙烯胺/马来酸的共聚物	12	碳酸钠	15
		氢氧化钠	5
亚硫酸钾	10	水	90

制备方法 将各组分粉碎后混合均匀，加入水稀释并搅拌均匀后装桶制成药剂。

原料介绍 亚硫酸钾具有较佳的除氧效果；聚环氧琥珀酸、丙烯酸/磺基丙烯胺/马来酸的共聚物以及聚丙烯酸混合后是良好的阻垢剂;乙二胺四乙酸钠具有很好的缓蚀功能;磷酸三钠可以在金属上形成钝化膜;碳酸钠和氢氧化钠起到调节 pH 值的作用。

产品应用 本品主要应用于锅炉水处理。

使用方法:将本品用于某发电厂燃煤锅炉水的处理,用药量按锅炉水质考虑,每吨水加药剂 0.2~0.4kg,按比例用泵把药液加入供水管,经过一个循环后测量水质,除氧率和防垢率分别达到了 91% 和 83%。

产品特性

(1) 本品多功能水处理剂能使锅炉水水质硬度降低,减少并阻止水垢的形成,使用后锅炉水的含氧量在国家标准范围内。

(2) 本品多功能水处理剂还具有除残硬和防垢作用。

配方 5　防结垢水处理药剂

原料配比

原料	配比(质量份)	原料	配比(质量份)
催化亚硫酸钠	55	碳酸钠	20
2,3-二氨基哌啶	6	氢氧化钠	5
环己胺	4	水	90
磷酸三钠	10		

制备方法 将各组分粉碎后混合均匀,加入水稀释均匀后装桶制成药剂。

原料介绍 催化亚硫酸钠包括亚硫酸钠和对苯二酚,具有除氧效果;2,3-二氨基哌啶在锅炉水除氧过程中起到催化作用;环己胺具有缓蚀功能;磷酸三钠在金属上形成钝化膜;碳酸钠和氢氧化钠起到增加 pH 值的作用。

产品应用 本品主要应用于设备除氧化、阻结垢、防结垢的水处理。

使用方法:将本品用于某发电厂燃煤锅炉,用药量考虑按锅炉水质,每吨水加药剂 0.2~0.5kg。

产品特性 本品水处理药剂能够使锅炉水中溶解氧迅速除去,解决锅炉及管路、换热器的腐蚀问题,还能使锅炉水水质硬度降低,减少并阻止水垢的形成,具有除残硬和防垢作用,使用后锅炉水的含氧量在国家标准范围内。

配方 6　锅炉软水处理专用再生剂

原料配比

原料	配比(质量份)			
	1#	2#	3#	4#
Na_2CO_3	0.5	0.27	0.8	0.15
$Ca(OH)_2$	—	0.07	0.044	0.022
KCl	—	—	0.5	0.8
EDTA	—	—	—	0.05
工业用盐	加至 100	加至 100	加至 100	加至 100

制备方法 将各组分混合均匀即可。

产品应用 本品主要应用于锅炉软水处理。

产品特性

(1) 提高了再生效率,使再生树脂平均周期的产水量提高了 20%。

(2) 再生剂的消耗相对下降了 20%。

（3）树脂再生的平均清洗水耗下降了30％。

配方 7　锅炉设备水处理剂

原料配比

原料	配比(质量份)		原料	配比(质量份)	
	1#	2#		1#	2#
2-丙烯酰胺基-2-甲苯丙磺酸	25	33	丙烯酰胺	6	9
氢氧化钠	6	4	水	50	59

制备方法　将各组分混合均匀即可。

产品应用　本品主要应用于锅炉设备水处理。

产品特性　本品配方合理，使用效果好，生产成本低。

配方 8　锅炉水处理复合药剂

原料配比

原料	配比(质量份)		
	1#	2#	3#
单宁酸钠	20	15	10
腐植酸钠	5	10	4
藻沅酸钠	12.5	15	10
乙二醇衍生物	5	5	5
木质素	8.5	10	12
淀粉	3.6	5	6
氢氧化钠	1	1	1
磷酸三钠	2	2	2
软化水	42.4	39.5	51

制备方法　将各组分混合均匀即可。

原料介绍　本复合药剂中的单宁酸钠能够吸附炉内残余氧气，形成单宁酸盐保护膜，从而避免金属被腐蚀；腐植酸钠和藻沅酸钠在碱性条件下能对钙、镁盐产生分解、吸附、络合等作用，软化水质，并且能阻止晶体增长，所生成的水渣黏度小，流动性较强，易在排污时排除，具有较强的渗透作用，使老水垢与金属表面间的附着力下降，因而脱落；乙二醇衍生物可吸附于蒸汽汽泡流动界面两边，促使水向下流动而造成蒸汽汽泡破裂，有效抑制发泡和汽水共腾；木质素是一种无定形的芳香族化合物，活性极强，具有很强的渗透能力，它会渗透到锅垢的孔隙中，在高温下分子体积会膨胀数十倍，利用其物理性质使水垢从金属表面剥离；淀粉为中性高分子有机物，有很高的分子量，能吸附水中的钙、镁离子及含铁、氯、硅等的盐，形成具有流动性、无定形、无黏性的污泥，易于排除；氢氧化钠和磷酸三钠主要起辅助作用，维持水的 pH 呈弱碱性，从而有利于有机物粒子的反应，水中的氢氧化钠和磷酸三钠的含量很低，大大减少了发生苛性脆化的危险。

产品应用　本品主要应用于锅炉水处理。

产品特性

（1）本品中有机药剂和无机药剂复合使用可有效清除老垢，防止新垢形成，去除系统中的坚硬颗粒以及其他盐类如铁、氯、硅等的盐，调节淤泥使之易于通过排污去除，去除系统中的铁锈和腐蚀。

（2）本药剂能在金属设备的表面通过化学反应产生一层金属保护膜，有效避免设备及管道的腐蚀，提高锅炉功效，延长锅炉使用寿命，降低锅炉维护维修成本，保证锅炉的有效工作时间。

(3) 本药剂可在线使用，在药剂的作用下，老垢脱落，阻止新垢产生。在锅炉排污口连接旁路过滤装置物理清除老垢后，锅炉水返回到给水泵，从而达到节能减排的效果。

(4) 本药剂用于蒸汽锅炉可以抑制发泡和汽水共腾，防止锅炉水进入蒸汽。

配方 9 有机膦酸盐锅炉水处理剂

原料配比

原料	配比（质量份）				
	1#	2#	3#	4#	5#
有机膦酸盐	40	40	20	10	10
聚羧酸盐	25	—	—	10	10
有机淤渣调节剂	20	适量	40	30	5
有机除氧剂	5	适量	—	20	20
水	10	5	适量	30	25
磷酸三钠	—	5	—	—	30
催化亚硫酸盐	—	—	适量	—	—

制备方法 将以上各原料按比例复配即可得到成品。

原料介绍 有机膦酸盐可以是羟基亚乙基二膦酸（HEDP）及其碱金属盐或胺盐、丙二膦酸盐、芳基氯亚甲基二膦酸盐、膦酸基琥珀酸、氨基三亚甲基膦酸（ATMP）、乙二胺四亚甲基膦酸（EDTMP）、三亚乙基二胺四亚甲基膦酸（TEDTMP）、三亚乙基四胺六亚甲基膦酸（TETDHMP）、二亚乙基三胺五亚甲基膦酸（DETPMP）、二亚乙基三甲胺五亚甲基膦酸等膦酸盐及其衍生物的一种，也可以是其中的两种或两种以上的混合物，其热稳定性好，不易水解。

聚羧酸盐可以是低分子量的聚马来酸酐或其酸、聚富马酸、聚甲基丙烯酸、聚丙烯酰胺等聚合物，或者是其二元聚合物和/或多元共聚物，这些物质与有机膦酸盐复配，有良好的协同效应和溶限效应。

有机淤渣调节剂可以是聚丙烯酰胺、聚马来酸酐、聚甲基丙烯酸或其盐、聚丙烯酸或其盐及其多元共聚物等类似的聚合物，有良好的吸附分散能力，能使成垢物质形成高度流动性的泥浆，随锅炉排污排出。

有机除氧剂是一种肟类物质，如甲醛肟、乙醛肟、丙醛肟、丙酮肟、丁二酮肟等，易溶于水，可以使水中的含氧量接近零，避免水中水溶解氧的腐蚀。

产品应用 本品适用于各种类型的原水、软水热水锅炉和蒸汽锅炉的给水处理。

产品特性 本品性能优良，同时具有缓蚀、阻垢和除氧的功能，对 Ca^{2+}、Mg^{2+} 等离子和其他成垢物质均有良好效果；工艺流程简单，不需要增加设备，便于操作，费用低，适用范围广。

配方 10 锅炉水处理剂

原料配比

原料	配比（质量份）	原料	配比（质量份）
氢氧化钠	3.2	腐植酸钠	0.4
磷酸二氢钠	1.6	亚硫酸钠	2
羟基亚乙基二磷酸	16	磷酸三钠	2.4
环己胺	6	去离子水	63.6
联胺	4.8		

制备方法 将各组分混合均匀即可。

产品应用 本品主要应用于锅炉水处理。

产品特性 本品在较广的温度范围和压力范围内都能保持高效性，针对不同情况下水垢的形成机理，选用多种针对性强、效果好的阻垢剂科学地组合在一起，能有效地破坏水垢的晶格规序，使水垢疏松脱落成粉末状，或把水垢均匀地分散在水中成胶状，或把成垢离子螯合成螯合物，不仅通过多种方式防垢，还能把锅炉内原有的少量垢溶解去除。

本品根据不同的缓蚀机理，结合锅炉高温高压的特性，加入了多种缓蚀剂，由于这些缓蚀剂的协同作用，再结合本品中的除氧剂，可有效地保护锅炉免遭腐蚀。

本品内的除氧剂为有机除氧剂，此除氧剂在高温时易分解，但分解产物同样具有很强的除氧能力。此除氧剂与溶解氧的反应速率极快，加入补给水管道后能在补给水进入锅炉前除去大部分的溶解氧，避免了传统除氧剂在使用时出现的除氧剂、锅炉内壁的铁与溶解氧同时反应的情况。此外，还能还原补给水中的 Fe^{3+}，生成的 Fe^{2+} 能被药剂中的螯合剂螯合成稳定的化合物，消除其对锅炉的不良影响。

本品内的多种气相缓蚀剂能与水一起沸腾，和蒸汽一起参与循环，有效地保护凝结水管道。当锅炉使用本水处理剂后，凝结水呈微碱性，水质清澈无杂质，由于凝结水的温度较高，仅凝结水回用就可减少燃料消耗 20%～40%。

配方 11 双-（2-羧基氯苯基）-甲烷锅炉水处理剂

原料配比

原料	配比（质量份）		原料	配比（质量份）	
	1#	2#		1#	2#
双-(2-羧基氯苯基)-甲烷	29	35	乙二胺	7	8
磷酸三钠	6	8	水	55	52

制备方法 将各组分混合均匀即可。

产品应用 本品主要应用于锅炉水处理。

产品特性 本品配方合理，使用效果好，生产成本低。

配方 12 聚环氧琥珀酸锅炉水处理剂

原料配比

原料	配比（质量份）	原料	配比（质量份）
聚环氧琥珀酸	30～40	亚硫酸钠	1～2
羟基亚乙基二膦酸	10～20	磷酸三钠	1～3
联胺	4～6	去离子水	加至100

制备方法 向去离子水中依次加入聚环氧琥珀酸、羟基亚乙基二膦酸、联胺、亚硫酸钠、磷酸三钠，混合均匀，并且可适当过滤以去除多余杂质，浓缩结晶为固体成品。

产品应用 本品不仅适用于锅炉水的处理，还可进一步用作工业冷却水处理、废水处理、海水淡化等的阻垢缓蚀剂。

使用时，可将本品直接加入锅炉水中，或者在水中溶解后再加入锅炉水中。

本品的适用 pH 值为 4～9，在水中的浓度为 30～500mg/L，还可采用 50mg/L、100mg/L、150mg/L、200mg/L 的浓度，所述浓度根据锅炉系统的状况而定。

产品特性 本品工艺简单、原料易得、配比科学，其中加入了一种环保的聚环氧琥珀酸，是可降解的材料，将其作为本品的主剂，大大减少了水处理剂中的磷含量、氮含量，使产品具有更好的使用效果，可解决高碱高固水质的阻垢问题，并具有缓蚀的功效。

配方 13 丙烯酸羟丙酯的共聚物锅炉水处理剂

原料配比

原料	配比(质量份)	原料	配比(质量份)
亚硫酸钠	10	膦基羧酸	13
丙烯酸羟丙酯的共聚物	23	磷酸三钠	15
磺化苯乙烯	17	氢氧化钠	5
甲基丙烯酸羟酯的共聚物	15	水	90

制备方法 将各组分粉碎后混合，加入水稀释并搅拌均匀后装桶制成药剂。

原料介绍 亚硫酸钠具有较佳的除氧效果；甲基丙烯酸羟酯的共聚物、丙烯酸羟丙酯的共聚物以及磺化苯乙烯混合后是良好的阻垢剂；膦基羧酸具有阻垢和缓蚀作用；磷酸三钠可以在金属上形成钝化膜；氢氧化钠起到调节 pH 值的作用。

产品应用 本品主要应用于锅炉水处理。

使用方法 将本品用于某发电厂燃煤锅炉，用药量考虑按锅炉水质，每吨水加药剂 0.1～0.6kg，按比例用泵把药液加入供水管，经过一个循环后测量水质，除氧率和防垢率分别达到了 93% 和 85%。

产品特性 本锅炉水处理剂能使锅炉水水质硬度降低，减少并阻止水垢的形成，使用后锅炉水的含氧量在国家标准范围内；同时本锅炉水处理剂还具有除残硬和防垢作用。

配方 14 马来酸酐锅炉水处理剂

原料配比

原料	配比(质量份)		
	1#	2#	3#
马来酸酐	49	49	49
过氧化氢	49	40	25
水	17	26	40

制备方法 将马来酸酐加热熔化，控制反应温度在 90～140℃ 之间，然后在不断搅拌的情况下滴加过氧化氢，滴加时间以 5h 左右为宜，加完之后，保温在 105℃ 左右维持反应约 2h，然后加水稀释，降温即可得成品。

原料介绍 本品中固含量约为 50%；原料中的过氧化氢为引发剂，是 30% 的水溶液，其与马来酸酐的质量比为 (0.5～1):1。

产品应用 本品可用于锅炉水、冷却水、油田水的处理。

产品特性 本品原料价廉易得，工艺流程简单，设备投资小，生产时间短，生产成本低；不含有毒的有机溶剂，安全性高，不污染环境。

配方 15　多氨基多醚基亚甲基磷酸锅炉水处理剂

原料配比

原料	配比（质量份）	原料	配比（质量份）
多氨基多醚亚甲基磷酸	38	碳酸钠	23
亚硫酸钾	20	氢氧化钠	5
乙二胺四乙酸	2	水	90
磷酸三钠	12		

制备方法　将各组分粉碎后混合均匀，加入水稀释并搅拌均匀后装桶制成药剂。

原料介绍　亚硫酸钾具有较佳的除氧效果；多氨基多醚基亚甲基磷酸本身是良好的阻垢剂；乙二胺四乙酸具有很好的缓蚀功能；磷酸三钠可以在金属上形成钝化膜；碳酸钠和氢氧化钠起到调节 pH 值的作用。

产品应用　本品主要应用于锅炉水处理。

使用方法：将本品用于某发电厂燃煤锅炉，用药量考虑按锅炉水质，每吨水加药剂 0.2～0.5kg，按比例用泵把药液加入供水管，经过一个循环后测量水质，除氧率和防垢率分别达到了 90% 和 80%。

产品特性

（1）本品锅炉水处理剂能够使锅炉水中溶解氧迅速除去，解决锅炉及管路、换热器的腐蚀问题。

（2）本品锅炉水处理剂还能使锅炉水水质硬度降低，减少并阻止水垢的形成，使用后锅炉水的含氧量在国家标准范围内。

（3）本品锅炉水处理剂还具有除残硬和防垢作用。

配方 16　有机膦酸锅炉水处理剂

原料配比

原料	配比（质量份）				
	1#	2#	3#	4#	5#
羟基亚乙基二膦酸	40	—	—	—	—
二亚乙基三胺五亚甲基膦酸	—	40	—	—	—
乙二胺四亚甲基膦酸	—	—	20	—	—
氨基三亚甲基膦酸	—	—	—	10	—
丙二膦酸盐	—	—	—	—	10
丙烯酸与马来酸共聚物	25	—	—	—	—
聚马来酸酐	—	25	40	—	—
甲基丙烯酸与马来酸共聚物	—	—	—	10	—
甲基丙烯酸聚合物	20	—	—	—	—
丙烯酸聚合物	—	10	—	—	—
聚甲基丙烯酸	—	—	—	—	10
丙醛肟	5	15	—	—	—
磷酸三钠	—	5	—	—	30
聚丙烯酸钠	—	—	30	—	5
聚丙烯酰胺	—	—	—	30	—
丁酮肟	—	—	—	20	20
水	10	5	10	30	25

制备方法 将各组分混合均匀即可。

原料介绍 对于直接使用原水作锅炉给水的情况，本品的药剂中还应包括磷酸三钠；对于热水锅炉，除使用上述药剂外，除氧剂应使用催化亚硫酸盐复合除氧剂。

本品药剂中的有机膦酸盐可以是羟基亚乙基二膦酸（HEDP）及其碱金属盐或胺盐、丙二膦酸盐、芳基氯亚甲基二膦酸盐、膦酸基琥珀酸、氨基三亚甲基膦酸（ATM）、乙二胺四亚甲基膦酸（EDTMP）、三亚乙基二胺四亚甲基膦酸（TEDT-MP）、三亚乙基四胺六亚甲基膦酸（TETDHMP）、二亚乙基三胺五亚甲基膦酸（DETPMP）等膦酸盐及其衍生物的一种，也可以是其中的两种或两种以上的混合物。有机膦酸盐的热稳定性好，不易水解。

本品药剂中的聚羧酸盐可以是低分子量的聚马来酸酐或其酸、聚富马酸、聚甲基丙烯酸、聚丙烯酰胺等聚合物，或者是其二元聚合物或多元共聚物。聚羧酸盐与有机膦酸盐复配使用，有良好的协同效应，而且还具有溶限效应。

本品药剂中的有机淤渣调节剂是分子量不同于低分子量聚羧酸盐的聚合物，可以是聚丙烯酰胺、聚马来酸酐或其聚合物、聚甲基丙烯酸或其盐、聚丙烯酸或其盐及其多元共聚物等类似的聚合物。有机淤渣调节剂有良好的吸附分散能力，能使Ca^{2+}、Mg^{2+}等离子或其他成垢物质形成高度流动性的泥浆，能自由流动，使泥浆不黏附在炉壁上，可随锅炉排污排出。

产品应用 本品主要应用于使用原水、软水作补给水的各种类型的蒸汽和热水锅炉。

产品特性 本品的阻垢机理是增溶法。本品由多种化合物复配而成，有多种途径的阻垢作用，以羟基为中心对金属离子（Ca^{2+}、Mg^{2+}）有很强的螯合作用，同时又起着晶格歧变的作用，通过对晶格的扭曲和错位，干扰垢层的晶格生长或使垢层晶格结构发生歧变，垢层不能继续生成；通过对Ca^{2+}、Mg^{2+}等离子的去活化性作用，减少成垢的晶格数；还能在水垢生成物的表面形成薄膜，或被锅炉壁吸附，从而阻止固体颗粒增大；改变质点的电荷，使锅炉受热面构成中性层，阻碍与质点的相互吸引，与沉淀物形成高浓度流动性的泥浆，容易从锅炉排污中排出。

本品的缓蚀功能主要是通过除氧剂而发挥作用。蒸汽锅炉中使用有机除氧剂，热水锅炉中使用催化亚硫酸盐除氧剂，可以使锅炉给水中的氧含量接近零，从而解决了水中溶解氧的腐蚀问题。

本品适用于各种类型的原水、软水热水锅炉和蒸汽锅炉。使用本品的药剂不需要增加设备，操作简便，费用低，适用广泛。

配方 17 锅炉水处理设备除锈垢剂

原料配比

原料	配比（质量份）		原料	配比（质量份）	
	1#	2#		1#	2#
硫酸	8	6	若丁	0.8	0.5
苯胺	0.6	1	水	97	92

制备方法 将各组分混合均匀即可。

产品应用 本品主要应用于锅炉水处理。

产品特性 本品配方合理，使用效果好，生产成本低。

配方 18   锅炉水处理设备清洗除锈剂

原料配比

原料	配比(质量份)		原料	配比(质量份)	
	1#	2#		1#	2#
六偏磷酸钠	42	33	渗透剂 T	0.7	1
乙二胺四亚甲基膦酸	25	22	硫脲	3	3
磷酸锌	2	4	异丙醇	2	3

制备方法   将各组分混合均匀即可。

产品应用   本品主要应用于锅炉水处理设备清洗除锈。

产品特性   本品配方合理,使用效果好,生产成本低。

配方 19   锅炉水处理设备酸洗除锈垢剂

原料配比

原料	配比(质量份)		原料	配比(质量份)	
	1#	2#		1#	2#
硝酸	18	15	硫氰酸钾	0.4	0.1
苯胺	0.5	0.8	水	96	93
乌洛托品	0.6	0.9			

制备方法   将各组分混合均匀即可。

产品应用   本品主要应用于锅炉水处理。

产品特性   本品配方合理,使用效果好,生产成本低。

配方 20   锅炉水处理设备酸洗剂

原料配比

原料	配比(质量份)		原料	配比(质量份)	
	1#	2#		1#	2#
盐酸	8	6	乙二醇	0.5	0.9
乌洛托品	0.8	0.5	水	95	91

制备方法   将各组分混合均匀即可。

产品应用   本品主要应用于锅炉水处理。

产品特性   本品配方合理,使用效果好,生产成本低。

配方 21   强效锅炉水处理剂

原料配比

原料	配比(质量份)	原料	配比(质量份)
磺酰胺	40	亚硫酸钠	14
甲酸	15	磷酸三钠	11
环己胺	20		

制备方法   将各组分混合均匀即可。

产品应用   本品用于防止锅炉结垢和腐蚀。

本品按系统保有水量计,一次投加量为 $100\sim800\mathrm{mg/L}$。使用本品进行处理时,pH 值控制在 4~7,清洗时间为 24~60h。

产品特性 本品的使用和存放都十分方便安全。本品配方中以磺酰胺为主剂，其对金属的腐蚀性比一般无机酸均小。甲酸有很强的氧化金属溶解能力，而且可针对多种氧化金属发挥作用，并且腐蚀性小、效果好。各组分经复合配制后，可以互相补足，发挥最大的作用。

在使用本品后，可使锅炉中水质保持清澈洁净，减缓了锅炉的腐蚀，而且大大降低了锅炉的能耗。本品配制简单，适用 pH 值范围较宽，处理时间短，并且在常温下也可进行处理。

配方 22 热水锅炉复合水处理药剂

原料配比

原料	配比(质量份)					
	1#	2#	3#	4#	5#	6#
EDTMP	0.2	0.4	0.6	0.8	1	1.2
磷酸三钠	0.1	0.2	0.3	0.4	0.5	0.6
NNO	1	1.2	1.4	1.6	1.8	2
聚马来酸酐	0.6	0.7	0.8	0.9	1	1.2
丹宁	0.2	0.3	0.4	0.5	0.6	0.7
二乙基羟胺	0.7	0.8	0.9	1	0.6	0.8
水	补足 100	补足 100	补足 100	补足 100	补足 100	补足 100

制备方法 将乙二胺四亚甲基磷酸（EDTMP）、磷酸三钠、亚甲基二萘磺酸钠（NNO）、聚马来酸酐、丹宁和二乙基羟胺、水混合搅拌，即得。

产品应用 本品主要应用于热水锅炉水处理。

使用方法：按每 100t 热水锅炉补水量投加 4～9L 的热水锅炉复合水处理药剂，用碱剂调节 pH 值至 10～12。投加量较佳为每 100t 热水锅炉补水量投加 5L 药剂。

其中，所述碱剂为本领域中常规使用的碱剂，较佳的为氢氧化钠或氢氧化钾。

产品特性 本品的热水锅炉水处理药剂中采用了聚合磷酸盐，不会受混入天然脱氧剂中的钙、镁离子的影响而形成难溶性盐，其缓蚀和阻垢的效果在贮存和流通过程中不会降低，使用方便，同时具有缓蚀、阻垢和除氧的功能，起到优异的抗腐蚀和抑制水垢的效果。

配方 23 无磷锅炉水处理剂

原料配比

原料	配比(质量份)					
	1#	2#	3#	4#	5#	6#
聚丙烯羧酸	218	—	—	—	206	30
聚苯乙烯甲基羧酸	—	185	—	—	—	—
聚甲基二丙烯羧酸	—	—	140	250	—	—
环己胺	123	150	80	—	—	10
吗啉	—	—	—	128	143	—
碳酰二肼	25	10	30	23	15	25
氢氧化钠	15	12	8	30	—	13
水	621	643	735	601	950	520

制备方法 先向反应釜中加入水，加热水温至 40℃，加入氢氧化钠、有机羧酸聚合物和有机胺，搅拌 10min，再加入有机除氧剂，搅拌 60min，冷却至 20℃，即可得成品。

原料介绍 有机羧酸聚合物分子式为 $+CHR^1CH(COOH)\!-\!R^2\!+_n$，$R^1$ 和 R^2 均为取代基，其中 R^1 是选自 H、CH_3、C_6H_5、COOH、烷基、环烷基、卤代基、杂

芳基中的一种或几种，R^2 是选自 CH_2、CH（CH_3）、C_6H_5、$COOH$、烷基、环烷基、卤代基、杂芳基、酰基、酰氨基中的一种或几种。有机胺为环己胺、吗啉、三乙醇胺、二乙醇胺、一乙醇胺或分子式为 RNH_2 的胺，其中 R 为 $C_1 \sim C_{20}$ 的直链烷基、支链烷基、环烷基或芳基。所述除氧剂为有机除氧剂。

产品应用 本品主要应用于锅炉水处理。

产品特性

（1）适用于一级或二级除盐水的中、高压锅炉水系统。

（2）克服使用磷酸盐带来的各种负面影响，减少了排放，参数控制稳定。

（3）高分子量有机聚合物配方，没有杂质引入，提高了锅炉水的临界含盐量，锅炉排污率降低，节约能源。

（4）聚合物的阻垢和分散效果可以防止炉内的结垢和铁、铜、硅的沉积。

（5）保持锅炉内部清洁，无腐蚀，无须额外的非计划停工及清洗操作。

（6）液体型产品，无毒、无闪点，使用、操作安全方便。

配方 24　用于锅炉凝结水回收的水处理药剂

原料配比

原料	配比（质量份）		
	1#	2#	3#
烷基胺	34	31	39
环己胺	25	21	29
有机羟胺	16	6	19
纯净水	35	39	31

制备方法 将各组分混合均匀即可。

产品应用 本品可广泛应用于化工、化肥、石油、冶金、电力、轻纺等行业。

产品特性 本品的主要成分为烷基胺、环己胺、有机羟胺，可还原溶于水中的氧气，通过调节 pH 值，来防止系统呈酸性，从而控制了对系统的腐蚀，经处理过的凝结水可达到锅炉回收利用的标准，可直接回送锅炉二次利用，从而提高凝结水的回用，有效回收了凝结水热能的散失，达到节水、节能效果，本品性能优于国内外同行业产品。

锅炉凝结水里加入本产品后，可以使水质变清，接近去离子水水质，是锅炉良好的补充水源。

配方 25　蒸汽锅炉水处理药剂

原料配比

原料	配比（质量份）					
	1#	2#	3#	4#	5#	6#
EDTMP	0.7	0.8	0.8	0.8	0.6	0.8
PBTC	1.6	1.8	1.8	1.8	1.7	1.5
腐植酸钠	0.5	0.5	0.6	0.6	0.5	0.5
栲胶	0.2	0.2	0.3	0.3	0.2	0.3
单乙醇胺	0.3	0.3	0.4	0.4	0.4	0.4
TMPD	0.4	0.4	0.4	0.5	0.5	0.4
亚硫酸钠	0.7	0.8	0.8	0.8	0.6	0.8
水	加至 100	加至 100	加至 100	加至 100	加至 100	加至 100

制备方法 将乙二胺四亚甲基膦酸（EDTMP）、2-膦酸丁烷-1,2,4 三羧酸（PBTC）、腐植酸钠、栲胶、单乙醇胺、氮四取代苯二胺（TMPD）和亚硫酸钠混合，水补足至 100mL。

产品应用 本品主要应用于蒸汽锅炉水处理。

使用方法：按每 100t 蒸汽锅炉补水量投加 4～8L 的蒸汽锅炉水处理药剂，用碱剂调节 pH 值至 10～12。所述的碱剂为本领域中常规使用的碱剂，较佳的为氢氧化钠或氢氧化钾。

产品特性 本品的缓蚀和阻垢效果在贮存和流通过程中不会降低，使用方便，能够起到蒸汽锅炉缓蚀和抑制锅水体系中水垢的效果。本品水处理药剂为有机配方，实际使用过程中用量小、排放少，为环境友好型水处理药剂，制备过程清洁，使用过程中对人体健康和环境毒性小，并可生物降解，对环境无害。

配方 26　蒸汽锅炉水处理阻垢剂

原料配比

原料	配比(质量份)	原料	配比(质量份)
聚环氧琥珀酸钠	40	聚丙烯酸	20
三聚磷酸钠	15	环己胺	15
六偏磷酸钠	10		

制备方法 首先将聚环氧琥珀酸钠在去离子水中充分搅拌混匀，也可加入适当的促进有机物质溶解的有机溶剂；接着在含有聚环氧琥珀酸钠的去离子水中依次加入三聚磷酸钠、六偏磷酸钠、聚丙烯酸、环己胺，充分混匀，过滤去除杂质，备用。

产品应用 本品主要应用于蒸汽锅炉水处理。

使用方法：在使用时，先检测待处理锅炉的各种状况，控制锅炉内温度为 25～40℃，调节 pH 值为 6～8，取本品蒸汽锅炉水处理阻垢剂 200～400mL 加入锅炉水中，反应 10～20min 后，锅炉内的垢质溶解去除率达 95%。

本品含有多种对锅炉阻垢有特殊效果的成分，聚环氧琥珀酸钠是一种有机除氧剂，能够除去锅炉水中含有的溶解氧，防止水中发生含氧的化学反应，本品的除氧剂溶解氧的反应速率极快，加入补给水管道内后能在补给水进入锅炉前除去大部分的溶解氧，避免了传统除氧剂在使用时出现的除氧剂、锅炉内壁的铁与溶解氧同时反应的情况。

产品特性 本品的水处理阻垢剂中，三聚磷酸钠、聚丙烯酸、环己胺能够有效地破坏水垢的晶格规序，使水垢疏松脱落成粉末状，或把水垢均匀地分散在水中成胶状，或把成垢离子螯合成螯合物。不仅通过多种方式防垢，还能把锅内原有的垢质溶解去除。

配方 27　阻垢锅炉水处理剂

原料配比

原料	配比(质量份)	原料	配比(质量份)
多氨基多醚基亚甲基膦酸	20	磷酸三钠	15
丙烯酸/丙烯酸甲酯的共聚物	20	碳酸钠	15
羟基亚乙基二膦酸	9	氢氧化钠	4
亚硫酸钾	11	水	90
乙二胺四乙酸	6		

制备方法　将各组分粉碎后混合均匀，加入水稀释并搅拌均匀后装桶制成药剂。

原料介绍　亚硫酸钾具有较佳的除氧效果；多氨基多醚基亚甲基膦酸、丙烯酸/丙烯酸甲酯的共聚物以及羟基亚乙基二膦酸混合后是良好的阻垢剂；乙二胺四乙酸具有很好的缓蚀功能；磷酸三钠可以在金属上形成钝化膜；碳酸钠和氢氧化钠起到调节 pH 值的作用。

产品应用　本品主要应用于锅炉水处理。

使用方法：将本品用于某发电厂燃煤锅炉，用药量考虑按锅炉水质，每吨水加药剂 0.2～0.4kg，按比例用泵把药液加入供水管，经过一个循环后测量水质，除氧率和防垢率分别达到了 90％和 85％。

产品特性

(1) 本品阻垢锅炉水处理剂能够使锅炉水中溶解氧迅速除去，解决锅炉及管路、换热器的腐蚀问题。

(2) 本品阻垢锅炉水处理剂还能使锅炉水水质硬度降低，减少并阻止水垢的形成，使用后锅炉水的含氧量在国家标准范围内。

(3) 本品阻垢锅炉水处理剂还具有除残硬和防垢作用。

参 考 文 献

中国专利公告
CN-201010599402. X
CN-201010606445. 6
CN-201210238856. 3
CN-201210559183. 1
CN-201010022864. 5
CN-201210176828. 3
CN-201210077744. 4
CN-201310100870. 1
CN-201010279029. X
CN-201110232777. 7
CN-201210271537. 2
CN-201210269930. 8
CN-201110310893. 6
CN-201110065514. 1
CN-200910264064. 1
CN-201210270399. 6
CN-201210271390. 7
CN-200910158061. X
CN-201010282978. 3
CN-201210272548. 2
CN-201210270398. 1
CN-201210271525. X
CN-201210271380. 3
CN-201210269927. 6
CN-201210271406. 4
CN-201210129922. 3
CN-201110381535. 4
CN-201110381544. 3
CN-200910127833. 3
CN-201110051775. 8
CN-201210360023. 4
CN-201210209207. 0
CN-201010549402. 9
CN-201110355989. 4
CN-201010275829. 4
CN-201210382889. 5
CN-201110447034. 1
CN-201010279050. X
CN-201110414685. 0
CN-201010282900. 1
CN-201310081414. 7
CN-201310106765. 9
CN-201110104136. 3
CN-201010617609. 5
CN-201210220850. 3
CN-201210097239. 6
CN-201210097240. 9
CN-201210104400. 8
CN-201110381538. 8

CN-201210483774. 5
CN-201310114782. 7
CN-200910220215. 3
CN-201010248115. 4
CN-201010276846. X
CN-201210444982. 4
CN-201210239276. 6
CN-201010282999. 5
CN-201210011700. 1
CN-201210239268. 1
CN-201210233769. 9
CN-200910127832. 9
CN-200910117297. 9
CN-201010276320. 1
CN-200910108639. 0
CN-201110366588. 9
CN-200910311136. 3
CN-201110345268. 5
CN-201110207875. 5
CN-201010282916. 2
CN-200910127846. 0
CN-201010276779. 1
CN-201010278472. 5
CN-201010275820. 3
CN-200910220214. 9
CN-201210383426. 0
CN-201310104465. 7
CN-200910142775. 1
CN-201010248714. 6
CN-200910042578. 2
CN-201110381545. 8
CN-201110355978. 6
CN-201210596973. 7
CN-200910008951. 2
CN-200910117051. 1
CN-201010210563. 5
CN-201110136768. 8
CN-201110179337. X
CN-201110362520. 3
CN-201210503796. 3
CN-201210503797. 8
CN-201110360523. 3
CN-201210050756. 8
CN-201210074563. 6
CN-201110381539. 2
CN-201010583948. 6
CN-201110075035. 8
CN-201110002284. 4
CN-201210432511. 1

CN-201110207863. 2
CN-201210376693. 5
CN-200910111903. 6
CN-201010115038. 5
CN-201310021468. 4
CN-201210538672. 9
CN-200910187523. 0
CN-201110104133. X
CN-201110104124. 0
CN-201210205271. 1
CN-201210121261. X
CN-201010219085. 4
CN-201210493751. 2
CN-201110136408. 8
CN-201110115995. 2
CN-201110128540. 4
CN-201010282653. 5
CN-201010282817. 4
CN-201210450430. 4
CN-200910213199. 5
CN-200910213200. 4
CN-201210234800. 0
CN-201210455934. 5
CN-201010280295. 4
CN-200910213222. 0
CN-200910213201. 9
CN-200910213221. 6
CN-201210168678. 1
CN-201110064508. 4
CN-201010280206. 6
CN-201110249875. 1
CN-200910147802. 4
CN-201110249878. 5
CN-201110388143. 0
CN-201010275816. 7
CN-201110080429. 2
CN-201010282908. 8
CN-201110249872. 8
CN-201110249876. 6
CN-201010283043. 7
CN-201010275808. 2
CN-201010282991. 9
CN-201010282663. 9
CN-201110459422. 1
CN-201110000460. 0
CN-201010573877. 1
CN-201110451544. 6
CN-201210538636. 2
CN-201110249880. 2